沒預算照樣有勝算的行銷創意術

All You Need is a **Good Idea**!

傑・海曼 *Jay H. Heyman* 著　曹嬿恆 譯

CONTENTS
目錄

推薦序

回歸策略，「贏」造好點子

達一廣告董事長　徐一鳴

一個有創意的好點子，能讓你耳目一新；而一個陳腔濫調的庸俗點子，則讓你昏昏欲睡。在這樣的情況下，要你在兩個點子中做出抉擇，其實再簡單不過。

但，若面前同時出現兩個好點子，你該怎麼選？

本書作者以一位資深廣告人的實戰經驗，一針見血地說：「如果沒有策略，又怎麼知道哪一個創意才正確呢？」

沒錯，不論是廣告創意或行銷手段，一切的原點，請先回到「策略」本身。諸如：要提升全面業績？或是提升某一區塊的業績？要如何拓展目標客群？要如何讓消費者願意購買知名度不足的小公司產品？

想當一個傑出的行銷人或創意人，個人深信，你一定要比競爭對手更懂「策略」的重要！

舉例來說，在二〇〇六年底參加信義房屋比稿時，我即以諾貝爾經濟學獎得主的理論證明：信義房屋的崛起並非僥倖，不必跟對手打網路資源戰！

二〇〇一年，三位經濟學家阿克洛夫（George Akerlof）、史賓塞（A. Michael Spence）、史迪格里茲（Joseph Stiglitz）共同以「不對稱資訊市場分析」（Asymmetric Theory）獲得諾貝爾經濟學獎，他們研究的出發點，就是「二手車市場」。

二手車市場中，恆存買家和賣家間的「資訊不對稱」（Information Asymmetry），由於對車輛歷史資訊的匱乏，買車者衡量不確定風險後，永遠只出最低價，導致好車的賣車者永遠不會去市場賣，最終買車者將買到比該低價更低品質的車。這種惡性循環的結果，將導致無人賣車、也無人買車，市場因此崩潰。只有秉持「專業主義」和「道德品牌」的二手車商出現，充當消除「資訊不對稱」的仲介者，市場才能運作！

當時我對周俊吉董事長提報的策略之一，就是信義房屋只要加強「道德」與「專業」即可，不必花大錢去說上網比較快，這策略不但為達一廣告贏得比稿，事隔多年，也證明之後一系列廣告與公關活動非常有效，信義房屋始終是台灣房仲的金字招牌。

每一位客戶，每一項產品，背後都存在不同的問題，需要不同的策略來因應，但是有不少從事創意的工作者，卻常剝離了「策略」，天馬行空幻想著所謂「好點子」，每天晚上打開電視，這些「作品」隨處可見。

我相信，你的老闆或你的客戶，並不樂見消費者記住了廣告，卻忘記了背後的商品；所以本書作者孜孜不倦地提醒，**要隨時了解策略，甚至發展策略，才能幫助你明白究竟要溝通什麼訊息，你才可以據此判斷點子的好壞，確認這個點子是從策略出發，是為了解決問題，而不是賣弄聰明。**

現在你了解策略的重要性了，但是，為什麼從正確策略出發的廣告活動或行銷手段，仍然常常是個遜點子？

在回答這問題前，想想你印象中的汽車廣告：一輛造型優雅的汽車，奔馳在壯闊的風景中，這是哪家汽車公司的廣告？

說不出來是吧？或者你想說，很多汽車公司都有類似的廣告？允許我倚老賣老告訴你：好的創意點子，應該能為產品或企業在消費者心中建立清楚的識別，而不是一片模糊的籠統印象。還記得安泰人壽的死神廣告嗎？那是名導演大衛襲和我在一九九八到二〇〇二年拍的系列廣告，現在安泰早已併入富邦，但許多人依舊記得那些廣告。

遜點子的誕生，大多不是來自「能力」因素，而是「心理」因素，簡單地說，就是打安全牌，交差了事，不想承擔風險的保守心態。

要想出一個好點子確實很辛苦，作者也承認，在發想過程中，他也常會偷懶，「拖拖拉拉，四處溜達，數數開瓶器有幾支。」這點我更是完全同意，只是我溜達的地點不在辦公室，經常是民生社區、上海外灘江邊、舊金山AT&T棒球場。

但是，請相信我和作者，**一個好點子，絕對值得你用心堅持下去，因為一個遜點子，會讓後面的事，進行得更加不順利。你可能貪圖前面的輕鬆，卻讓後面的過程痛苦不堪，使自己更毫無成就感。**

千萬記住：想出人頭地，就不要再讓自己陷入這種惡性循環。

本書作者在大型廣告公司任職時，曾替寶鹼公司（P&G）、通用磨坊（General Mills）等知名企業做過廣告，獲獎無數，其後更在紐約創業，身兼創意總監與總經理職務。這些經歷跟我頗為類似，只是我比他懶，沒有把這期間的點點滴滴記下來，形諸文字，這更突顯本書之可讀與可貴，也是我在「百忙之中」樂於為文推薦的主因。

文中所述，均經多年實務經驗的淬礪，不管從客戶溝通、創意發想、磨亮點子到常犯的錯誤，都以簡單易懂的文字來闡述，並在每一篇章佐以實際個案探討，來輔助讀者了解其概念，確實是為有意投身創意與廣告工作者，用心撰寫的好書。如果你自認是業界的未來希望，本書能幫助你奠定闖蕩江湖的基本功；如果你是業界常青樹，本書也能助你回首來時路，反芻可能已被忽視的重要環節。

總之，我衷心向你推薦，祝你能從中尋獲更有效的成功之道。

編按：達一廣告是國內以「行銷策略」著名的廣告公司，多年來，該公司一直也是業界人效最高的廣告公司，二〇一〇年該公司人平均產值達到兩千四百零四萬新台幣，超出第二名近兩千萬。目前主要客戶包括HSBC匯豐中華投信、PayEasy購物網站、信義房屋、群益投信、富邦金控／富邦人壽、施羅德投信、御茶園、統一藥品等，徐一鳴是該公司董事長兼執行創意總監。

作者序

在數十秒內說出最關鍵的話

「我的意思是，我不知道要怎麼做。」

「沒關係，」他說：「每件事情都是這樣開始的，你先是不知道怎麼做，然後就去做出來。」

——犯罪小說家莫斯里（Walter Mosley），《闇夜驚懼》（*Fear of the Dark*）

這本書要告訴你如何發展出有創意的行銷好點子，幫助你在商場上異軍突起，搶佔市場，擁有一個貨真價實、獨一無二的品牌識別。行銷好點子可以使你的經費發揮意料之外的效果，幫你獲得免費宣傳，讓你看起來比實際上還要受歡迎，也能讓競爭對手的汗毛直豎。以上種種不必花大錢就能做到，而且樂趣無窮。

比起普通的點子，好點子能幫助你更快更好地建立事業。這個觀念說起來平庸無奇，但讓人吃驚的是，竟然有那麼多公司、那麼多人會勉強自己接受平庸與乏味，從來不曾學著去區別好的構想與陳腔濫調的差別，或者從來沒有時間或能力去想出一個好點子。

好點子不受行銷預算的規模大小影響。你不會勉強自己接受一個不好的構想，還振振有詞地說，反正這個構想只是用在一封郵件上。事實上，越是認為有龐大的媒體預算支持，對於構思好點子來說反而傷害越大。因為如此一來，大家就會捨棄獨特的構想，而想要打安全牌，希望把訊息大量向顧客曝光，以彌補內容的乏味無趣。在讀過本書之後，你應該會覺得很有把握，知道如何發展出開疆闢土的好點子。你會找到創新的方法，讓已經在你手上的構想發揚光大。當然，你也會更明白如何評斷他人提供給你的構想。

就算你只是希望想出一個好點子，或學習如何讓一個遜點子改頭換面，這本書也值得一讀。不管書的定價多少，絕對值回票價。其實，我本來是想要給讀者一個「不靈就退錢」的保證，可是出版社不覺得這是個好點子，所以書名也就沒改成。

順帶一提：

一、我會用「噗客」（Phufkel）這個字來代表你的產品或服務。別管你有沒有在生產或銷售噗客，就把它看成任何你現在賴以維生的東西就對了。

二、這本書是用淺白直接的口語撰寫而成，但文法盡可能正確。這麼做有兩個原因：首先，太多花俏的行話術語會礙事。你並不需要我來告訴你什麼是「投資報酬率」（ROI）、「波羅的海綜合運價指數」（BDI）、「營收流」（streams of revenue），或我個人的最愛「稅前息前折舊攤銷前獲利」（earnings before interest, taxes, depreciation and amortization，EBITDA）。

其次，我就是這樣寫文章的。我這輩子的職業生涯都在撰寫商業或平面廣告，很快就發現艱澀的用語只是一種障礙。當你在一個三十秒的廣告中只能說六十個字，你必須把錢花在刀口上，字字清楚，不然馬上就會流失觀眾，因為他們會急忙衝去查字典，或更有可能的是，跑去廚房找吃的喝的。不過，我三不五時也會用點成語，但這只是為了表示我也有本事這麼寫作。

前言

想像力就是你的創造力

自我進入廣告業以來，替不少企業的產品像是寶鹼公司（P&G）、通用磨坊（General Mills）❶、羅森—普瑞納公司（Ralston Purina）❷，還有吉比（Skippy）花生醬做過廣告活動，從全國最大廣告客戶的電視廣告，到地區性餐館的桌上型錄，應有盡有。我獲獎無數，有些廣告作品還被收藏在紐約的佩利媒體中心（The Paley Center for Media），它的前身就是美國電視廣播博物館。

過去十六年來，我與事業夥伴在紐約合開了一家廣告公司，自己擔任創意總監與總經理二職，也承接了一些小公司的行銷案。我發現，不管客戶的公司規模是大是小，一樣都需要威力強大又有創意的行銷點子。

身為小企業其實並不孤單，根據美國小型企業管理局（Small Business

❶ 譯注：十九世紀中葉創立於美國的百年企業，現為世界第六大食品製造公司。

❷ 譯注：成立於一八九四年，原為製造穀類食物、包裝食品、寵物食品和家畜飼料的公司。二〇〇一年底與雀巢公司合併後，成立雀巢普瑞納寵物食品公司（Nestle Purina PetCare Company）。

Administration）的研究，小企業所佔比重在美國就超過九成。而小企業與大企業的差別，在於前者既沒有資源、也缺乏大量人力去發展出這些行銷點子，更請不起廣告公司。跟一家好的廣告公司配合（說實在的，遇到好的廣告公司，還真是只能「配合」），可以幫你快點把構想發展出來，得到的結果往往是光靠自己也做不出來的。

讀了本書之後，當你以內行之姿品評擺在眼前的創意作品，或是要求你的廣告公司提出創意背後的策略，你能想像他們臉上那種激動的表情嗎？更棒的是，當你真的把你的點子拿給他們看的時候，你能想像他們會有多麼高興嗎？

本書有些經我發現、修正並精鍊過的原理，將這些原理融入你的企業理念中，你便能找到利用行銷創意打造事業的奧祕。

這本書並不打算說教，而是要安排一場讓讀者共同參與的討論，用一種不那麼正式的輕鬆方式，提供教育、訓練與指導。書中每一章都會包含三個要素：首先，為了幫助你發展好的創意，會先將構思過程中不可或缺的重要成分呈現出來，使你了解這個成分的必要性以及能夠產生什麼結果。接著是一個我個人曾經參與過的行銷個案史，用來進一步說明該章要陳述的重點。最後，每一章至少會有一個「好點子時間」，具體建議你如何思考與運用前面提到的個案，為你的事業構思出一個行銷點子。

整本書當中，你將能第一手看到我如何替其他公司發展構想，特別是富及第家電（FRIGIDAIRE）、迅捷停車場（Rapid Park Garage）❸、舞台熟食餐廳（Stage Deli）❹，以及美國仲裁協會（American Arbitration Association）。書裡還囊括了其他一些歷史個案，這些個案雖然都是精彩的範例，在說明創意的時候頗派得上用場，但是因為各式各樣的原因，卻沒能在平面廣告或電視中曝光。

儘管創意發想只是行銷組合的其中一個環節，但往往是最難駕馭的部分。當你帶著你的商品或服務（從現在開始我們就稱呼你的商品或服務為「噗客」）開始創業之後，所有傳統的行銷要素你都要考慮到，像是定價、市場研究、媒體選擇，還有配銷通路。

價格訂得不對？痛苦不堪！

市場研究解讀錯誤？唉呦不得了！

❸譯注：成立於一九四六年，在大紐約地區專營停車場業務。

❹譯注：一九三七年由一位流亡美國的俄羅斯人阿斯納斯（Max Asnas）開設，至今營業超過七十年，是紐約的著名地標，也是很多名人政要的最愛；菜單皆以名人或明星來命名。

可是我要告訴你，創意在行銷當中最為重要，這個部分搞砸了或弄得乏味無趣，就會淪落到只能望著死氣沉沉的收銀機興嘆的地步。

雖然我無法解釋愛因斯坦（Albert Einstein）的相對論，但至少把他的「想像比知識更重要」這個主張擺在行銷的脈絡下來看時，我想我可以明白其意。如果你給一群智力相當的商業人士相同的投入，他們可能會得出相同的結果。譬如說，給一群經驗豐富的媒體採購同樣的行銷目標，用的是傳統的媒體如廣播、電視或報紙，加上一致的訊息到達率與頻率（reach and frequency），只要他們緊盯著數字做事，你會拿到幾乎一模一樣的媒體計畫。可是，加上了創造力或想像力，結果將會天差地遠。DDB廣告公司的總裁兼執行長布萊默（Chuck Brymer）在美國廣告代理商協會（American Association of Advertising Agencies，4A）近期舉辦的一場管理研討會中說過的話，就曾經被《紐約時報》（*The New York Times*）拿來引用：「數據無法代替創意。」

此外，你只擁有為數有限的事實知識，外面的資訊總是比你所能掌握的還要多。然而，想像力卻能讓你的創造力無遠弗屆，引領你想出好點子，因為，你找到新的方法去告訴人們，為什麼你的噗客比較好、比較與眾不同、比較便宜、比較進步、比較創新等等。

顧客只有在真的聽說你的噗客比較好的情況下，才會找上門來。所以，想要經營成功的事業，你就要懂得駕馭出人意表的點子，以及因陌生感而引發的「相關性震撼」（見第十章）所帶來的威力，這樣才能出人頭地，讓人看到你的訊息，進而起身行動。

除了幾個用來說明的實例之外，本書裡使用的例子都是我親自發展出來的點子，有好的、不那麼好的、偶爾也會出現平庸之作。在大型廣告公司裡，總是會有其他人來參與創意發想的過程：美術指導、文案作家、創意總監、部門主管、客戶、專案執行、高階管理階層。他們可能、也會對原始的構想提出修正、調整或改進的建議，採納與否，端看他們在食物鏈的位置有多高，或是給的主意有多好。可是，一開始往往就是只有一個人、一張紙，要把點子先想出來。

美國電視影集「人人都愛雷蒙」（Everybody Loves Raymond）的製作人羅森塔爾（Phil Rosenthal）曾經有過如下的觀察：「我不知道什麼叫做

好點子。用誰的標準來看？我的點子是好點子？還是你的才是好點子？」就跟大多數的創造性工作如寫作、戲劇、繪畫、雕塑、音樂一樣，點子都很主觀、意見分歧，且評價不一。你搞不好連我拿來搭配夾克跟襯衫的領帶都有不同的意見（就這件事來看，你不會是唯一的一個）。

千萬不要覺得你必須亦步亦趨地遵循每一個建議，對每一個例子都點頭如搗蒜。就算是一模一樣的產品、行銷資訊與策略，我所合作過的每一個美術指導，都會提出彼此相異的視覺作品，每一個文案作家也會寫出字句組合完全不同的文案內容、標題或口號。你在發想創意的時候，必須把你的感受力、才華與個性帶進來。我在這裡所舉的每一個例子，可能未必見得是你認同的好點子。不過，就算我們不能事事取得共識，我都希望你能在這些篇章當中實實在在地得到靈感，明白這本書是誠心想要幫助你而提出的坦率建言，讓你更能發展出有利可圖的行銷創意。

好點子時間

假設你們之中許多人並非完全的新手，都曾經往創意這個方向小試身手，做出一些行銷作品，也許是自己完成，或者靠著專家的幫忙。我要你做的事，就是把你的廣告、宣傳手冊、招牌、新聞稿或腳本拿出來，放在這本書旁邊。一邊讀這本書，一邊瀏覽你的「作品」，看看它是否真的有達到你正在學習想要達成的境界，自己又是否明白如何改進或是否應該從頭來過。

我們都曾經參加過公司的會議，或是擔任某個地方社團的委員會成員，有些時候，大家會決定要做些行銷，可能是招攬新會員，或者是要炒熱一場募款活動。其中一個人馬上開口說：「太好了，那我們需要……」，然後就得意洋洋地開始列起清單來：「一篇新聞稿、一本宣傳手冊，也許要寄發光碟，可能還要登個廣告、做點公關……。」這位仁兄列清單，並不只是要提醒我們有這些可能性而已，他真的認為那張清單就是問題的答案，萬事皆備，東風一來，就可以整裝上陣了。

問題還是一樣，這些都只是「用具」，裡面若沒有填滿能發揮效果的好點子，這些東西本身還是沒有價值，也無法產生價值。從你應該利用創意達到什麼目的這個角度來看，創造好點子的必要性，不受最新式的溝通技術所影響，你的訊息要放在火柴盒上還是售貨亭上，並沒有任何差別。事實上，情況可能剛好相反，越新的行銷溝通工具，越仰賴好點子的威力，這樣才能表現出公司或產品的與眾不同。畢竟，身處於人人都是部落客的年代（根據Technorati.com的調查，每天會產生七萬個新的部落格），要怎麼做才能讓某個部落格異軍突起呢？什麼？你說一個好點子可以讓部落格受到矚目？有意思，我怎麼從來沒想到這點。

我的目標是要讓人們確實注意到你的行銷溝通訊息，使你從競爭中勝出。與其依靠沒人真的會看的陳腔濫調，你會從這本書中學到如何找出你事業的獨特性，如何以出人意表、引人入勝的方式將這個差異性傳達出去。你會開始懂得至少在每一次溝通時，不論是宣傳手冊、招牌、商業廣告或網站與直效行銷活動，都要在其中加上一點小驚喜。

讓這本書帶你踏上一條在財務面與藝術面都能收穫滿滿的探索之旅，明白好點子何以如此不可或缺，還有創造好點子的必要步驟是什麼。沒有什麼比緊繃的氣氛、嚴厲的評價、要求苛刻的教練更能扼殺好點子了，所以我會盡可能在這個過程中，讓讀者覺得有趣，玩得盡興。

第1章 追求好點子，而非等待最棒的點子

這本書的英文書名叫做「你需要一個好點子」，而不是「你需要一個棒點子」。因為，如果你手上已經有了好東西，卻還在原地踏步，焦躁不安、蠢蠢欲動，試圖要把良好變成完美，那你不但會錯過重要的截止期限，更有可能根本就達不到目的，空有一手好點子卻無用武之地。

你或許會問：為什麼要屈就只是「還不錯」的點子呢？你不是應該要奮力一搏，摘下天上的那顆星，以老師或教練向來激勵我們的金玉良言為目標嗎？這話固然沒錯，可是讓我們實際一點吧！如果在音樂這個領域，你永遠都無法像莫札特那麼偉大，這個事實會阻礙你的腳步嗎？其他作家當不了莎士比亞，還不是出版了成千上萬的書籍，為人所閱讀與欣賞？重點是偉大者少，但好作品比比皆是。就算你無法成就一番豐功偉業，也還是可以把事情做好。這不是折衷，只是比較實際罷了。

我不要你因為擔心自己的點子不夠高明，而遭遇創作上的瓶頸。我也不要你一直等待靈感爆發，追尋那不知何時會到來、奇蹟般不可思議的完美點子。比起根本沒有點子，提出一個好點子是比較務實的做法，長期來看也比較有幫助。其實，石破天驚的創意，出現的頻率就跟造就一個伯恩巴克（Bill Bernback）❺或奧格威（David Ogilvy）❻差不多（說不定你不知道他們是何方神聖）。相較之下，經常使用好點子還比較能夠讓你、你的噗客、你的事業得到更多注意。

讓人始料未及而感到新鮮的字眼與觀點會躍然紙上，無所不用其極地吸引你的注意，而有些想法則老掉牙到甚至沒人留意它的存在。這其中的差別正如派對靈魂人物與壁花之間的不同，大家侃侃而談的不會是那個躲在牆角一直看著自己的鞋子、目光不跟人接觸的傢伙。沒人留意的訊息，你也不會想要。

❺譯注：DDB廣告公司的三位創辦人之一。美國廣告史上的傳奇人物，被譽為本世紀一九六〇至一九七〇年代美國廣告「創意革命」（Creative Revolution）的三位代表人物之一（另兩位是奧格威和貝納）。他是首位將向來分屬不同部門的廣告文案與美術指導組成一個工作團隊的廣告人，這個工作模式至今仍為廣告界沿用。

❻譯注：奧美廣告公司的創辦人，認為廣告唯一正當的功能就是「銷售」，不是娛樂大眾，所以反對只把廣告當作一門藝術，而應透過市場調查，從消費者與客戶的角度思考創意，才能推出吸引人的廣告。

俯拾即是的廣告老梗

這類陳腔濫調為數不少、俯拾即是，但其中有一個正因為能如此實在且正確地描述你的生意，所以在我看來，可算是老梗中的老梗，那就是：「物美價廉」（Low Prices. Great Service.）。

這個承諾做為一種策略可能還不賴，但是拜託，千萬、千萬不要這麼大剌剌地用上去。你真的認為一個好的行銷創意應該以這些字眼為中心嗎？你真的以為用這樣的字眼或像下面這些文字，就能夠抓住人們的注意力，讓他們從口袋掏出錢來嗎？

- 品味就是一切（Taste is everything）。
- 不——，不——，不蓋你（No——. No——. No Kidding!）！（例如：不收小費，不設低消，不蓋你！）
- 與眾不同的美味（Deliciously different.）。
- 老少咸宜（We'll match any price.）。

- ◆因為你值得（You owe it to yourself to try it.）。
- ◆前瞻性的解決方案（Tomorrow's solutions. Today.）。
- ◆永遠提供當季的好滋味（Taste is always in season）。
- ◆就算你付得起，還是要用更便宜的價格買到好東西（Even when you can afford the best, it's always nice to find excellence at a reduced price.）。
- ◆眼見為憑（Seeing is believing）。
- ◆要仿效，不要抄襲（Often imitated. Never duplicated）。
- ◆錢潮就是人潮（Money Talks. Nobody Walks）。

好點子絕對勝過遜點子，就連遜點子也比根本沒有點子來的好。

那麼，遜點子、好點子、棒點子，還有根本沒有點子（老天！這種事最好別發生）之間有什麼差別呢？

遜點子

遜點子會讓你有種從自己口中說出的熟悉感。有時候遜點子不見得會立刻讓你覺得眼熟，可是因為很老套，讀者仍然會視而不見。譬如說，如果你正要推出「輕量版」（light version）的原味、全卡路里的噗客，你搬出一串點子，想到「隧道那一頭的光」（The light at the end of the tunnel）❼這個概念，接著便開始去找一個當地的隧道，想要把這樣的訊息掛在上面，因為這個點子看起來再順理成章不過了。順理成章？大概吧！好點子嗎？絕對不是。好過沒有點子？勉強！

好點子

一個好點子既鮮活又新穎，而且呈現的方式引人注目。它會攫取人們的注意力，使他們慢下腳步，停下來審視你的訊息。一抹出乎意料的色彩、一句用字精確的頭條、一幅使人停頓的插畫、日常訊息的一點轉折、一個新的目標、一則別開生面的承諾——任何東西都可以是好點子的一部分，也能幫你將一個有氣無力的遜點子變成一個好點子。

❼譯注：「見到隧道那一頭的光」可比喻「苦盡甘來」之意，本書此處是從描述輕量版產品的輕量（light）聯想到光線（也是light），然後再聯想到描述苦盡甘來的俚語，做為廣告創意。

棒點子

很棒的點子少之又少，但它真的可以單槍匹馬為你的事業撐起一片天，或讓你從棘手的行銷困境中脫身。偉大的行銷創意所蘊含的影響力與威力是無可否認的。想想蘋果電腦吧！我指的不是這家公司的產品上市影像廣告「一九八四」❽本身，而是「麥金塔」與「蘋果」這兩個品牌本身在行銷上所展現出來的聰明才智，它們用了一個可立即見效的方法，讓蘋果電腦能從眾多競爭者當中脫穎而出，指出更友善的使用者關係的好處，許下改善的承諾，這個做法真是了不起。

或想想「絕對伏特加」（Absolut Vodka）❾的宣傳活動。同樣地，我要說的不是把焦點放在伏特加瓶身的廣告本身有多出色，我指的是他們那些源源不絕、既創新又具有相關性的促銷概念：聖誕節長筒襪❿、父親節的絲質領帶、磁鐵字謎、音樂晶片……，清單列也列不完。

看電視的時候把注意力放在電視廣告上。你會發現，有少數廣告很出色，但大多數的廣告根本沒有真正的想法，裡面不是充滿了陳腔濫調，就是過度誇耀產品的價值，任憑視覺圖像壓過任何本來想要呈現的訊息，讓

❽譯註：一九八四年蘋果準備推出麥金塔對抗ＩＢＭ時，特別選在超級盃時段推出的廣告，情節影射歐威爾（George Orwell）的著名小說「一九八四」，象徵著初生之犢的蘋果準備挑戰一九八四老大哥（暗喻ＩＢＭ）的決心。

❾譯註：瑞典的伏特加酒品牌，從一九七九年開始以「絕對某事」或「絕對某物」（Absolut Something）為其行銷概念，組合各種不同的行銷活動如廣告、產品包裝、贈品等，大受歡迎。

❿譯註：一九九二年由美國設計師Christian Francis Roth為「絕對伏特加」設計的產品包裝，上面是一個由字謎組成的瓶身圖樣，包裝內並附有一雙相同圖樣的女性長筒襪，該系列命名為「Absolut Stockings」。

人覺得這些廣告真是汙辱了你的電視機。不過，你很快就會知道什麼叫做好點子，好點子又是如何從一片眾聲喧嘩中探出頭來，引人注意，好到你恐怕不會想要轉台錯過的地步。那麼，讓我們來看個好點子吧！

個案討論：「通通有」營養穀片

「通通有」（Total Cereal）是通用磨坊食品公司所出品的一種早餐穀片。我在做這個提案的時候，公司的策略是要說服成年消費者，這個產品比起其他穀片不但含有更多的維他命與礦物質，而且風味絕佳。他們聲稱只要一份「通通有」穀片，便能滿足人們每日維他命及鐵質的最低需求。

我與美術指導蘇利文（John Sullivan）合作，終於將我構想出來的幾個點子提報給客戶看，最後雀屏中選的廣告，主題如下：「今天，就是你此後餘生的第一天。就從『通通有穀片』開始吧！」我要先聲明，「今天，就是你此後餘生的第一天」（Today is the first day of the rest of your life）這句話不是我發明的，發想者是沙斐爾（William Safire）⓫，這在

⓫譯注：美國重量級的作家、記者與專欄作家，長期為紐約時報撰寫政治專欄，為一九七八年普利茲新聞評論獎得主，甫於二〇〇九年九月辭世。

當時就被印在月曆、T恤上，甚至可能也用於藏在幸運餅乾的紙條上。所以，就原始構想來看，我可不能掠人之美。

這個點子之所以好，在於把這句話應用在早餐穀片的電視廣告上，廣告的目標對象不是小孩子，而是成年人。我們覺得正因為大家熟悉這個主題，所以會對其中的訊息產生共鳴。這個構想當然不會讓早餐穀片這類產品類別產生永久的革命性改變，但它的確是個好點子。

好點子時間

有沒有現成可用的一句話，可以做為你好點子的基礎？這個做法的好處是大家馬上就能認得，而壞處是因為過度曝光的關係，太熟悉平常了，所以可能會被忽略。不過，如果你能在其中找到折衷之道，就會是你創意發想的好起點。就像速食餐廳塔可鐘（Taco Bell）把「跳脫思考框架」（think outside the box）改成「跳脫圓麵包框架」（think outside the bun），提醒消費者應該改掉老是在漢堡店打發一餐的老習慣。

第2章 創造讓人嘴角上揚的力量

歡迎來到點子的異想世界。

當然，你早就來過這裡了。你曾經為了改善最原始的噗客產品、或為了設計一個全新的噗客而發展構想。你也曾為了讓銷售會議更有成效，為了擴張地盤、縮減預算，或獎勵重要的銷售員而出過主意。

你經常得到好的結果。可喜可賀。

在銷售與行銷的創意世界裡，你的回報會更高。但會不會更困難？當然。會更緊繃、更有壓力嗎？毫無疑問。但一個好點子給你的回報，沒有其他東西比得上。

問題是：為了一個好點子，是不是真的值得這樣流血流汗？你真的需要一個好點子嗎？有一部分的答案在這裡：《紐約時報》引用了市場調查公司楊凱洛維奇（Yankelovich）的報告，估計在三十年前，一個居住在城市裡的人每天會看到多達兩千則的廣告訊息，今天這個數字已經變成五千則。根據這個資訊，我們要自問：你的企業要怎麼做，才能讓行銷訊息擺脫其他四千九百九十九則而鶴立雞群？

也許答案就是去開發出一個更好的噗客。可是你去問大多數的企業，他們會說通常問題不是出在沒有做出更好的捕鼠器，而是在於如何發展行銷概念，才能讓大家認識他們的捕鼠器。

也或許答案是為你的噗客下重本，砸下大量的廣告預算。但大筆預算往往意味著你打算遷就保守安全的溝通內容，希望媒體的影響力能讓你的訊息突破重圍。

如果要讓大家聽見你的訊息，但無法使用更多的行銷預算這個辦法的話，那麼答案會是什麼呢？且讓我賣個關子，援引史坦柏格（Brain Steinberg）在《華爾街日報》（*Wall Street Journal*）市場版中一篇文章的內容。一家獨立廣告公司的執行長簡森（Lance Jensen）說：「一開始，一台車沿著蜿蜒的道路盤旋而駛，背景是高聳入雲的洛磯山脈……接著，那台疾駛的車輛靜止不動，沐浴在陽光下……。問題來了：這是誰的廣告？（A）福特（Ford）；（B）通用汽車（General Motors）；（C）克萊斯勒（Chrysler）；（D）以上皆是。如果你選D，你就答對了。汽車廣告多半都長得差不多。」福特車款銳界（Edge）的行銷溝通經理桑納比亞（Dave Sanabria）接著補充說：「我們要面對現實，因為外面的廣告太多了，你得找到異軍突起的方法。」

如果連砸下上百萬預算行銷產品的汽車製造商，都明白他們需要的不是預算，而是突破性的構想，那我還有什麼好多說的呢？

好點子使你的公司擁有獨特而持久的身分識別。一個構想能讓你的公司找到定位，幫助你在擁擠不堪的市場中脫穎而出，被人注意、展現自我、售出產品，進而搶佔市場。好點子必須具備撐起一場行銷活動，將品牌打造起來的力量才行。

好點子帶來的威力明顯至極：銷售額上升，詢問電話響起，人人都蠢蠢欲動起來（沒錯，一個好點子會讓你跟你的企業感到幹勁十足，你的簡報、你的員工、你的業務員、你的熱情、你的態度都會受到感染）。

你很想要比競爭者賣出更多的噗客，對吧？不過，你要如何說服一個潛在客戶你的噗客比較好、比較與眾不同，或你的公司比較好、比較與眾不同呢？上網或到廣告黃頁裡查查噗客這個產品類別吧！你恐怕會發現光是這裡就有五千四百三十個製造商。

又或者你人在一場大型的商展上。由於展覽主辦單位使用系統設備建置展場，你跟其他噗客銷售商的攤位接連並排，有人的商品陳列很醒目，有人則只有一塊樸素的看板。重點是，產品有大有小，雙層塗敷也好、高科技也罷，但你們全都在賣噗客。這就好比美國國家專業食品貿易協會（NASFT）在紐約賈維茨會展中心（Javits Center）舉辦的「專業食品展」（Fancy Food Show）裡展示的橄欖油。有十二個攤位陳列冷壓式（cold-pressed）橄欖油、八個攤位標榜「第一道萃取」（virgin）油、六個攤位賣的是「特級初榨」（extra virgin）油。那兒有「單一萃取」橄欖油的專營供應商，也有推廣「雙次萃取」的業者。就算是很了解自家橄欖油的人也會弄糊塗。相近的產品經常會使用類似的字眼與訊息，提出類似的聲明。而不管什麼產業，都只有少數人能脫穎而出。你要怎麼辦呢？

我得承認一件事：在我認識的人當中，沒有人曾經為了一個媒體計畫而鼓掌叫好過。的確，真的值得大書特書的，其實是能使人會心一笑的創新賣點。一如評論家努南（Peggy Noonan）在《華爾街日報》開設的專欄「宣言」（Declarations）中所說：「現代生活中，有太多事讓我們眉頭深鎖。這雖然談不上是世界末日，但若有事情能使人微笑，總是讓人感到好過一些。」

「微笑」很適合用來檢驗點子的好壞，雖然不夠科學，而且如果你做的是葬儀社生意的話，這也許不是你想要的；但大多數情況下，當一個好點子出現在你的電腦、便利貼或筆記本上的時候，微笑往往會就這麼不請自來。有部分原因是你終於在開發點子的時候，進入一種天人合一的境界，你的文思有時如泉湧而來，得要振筆疾書才能奮力趕上思想的速度，使你覺得自己好像只是一個聽寫的人。你看著這個好點子，笑了起來。你微笑，並不是因為你創造了它，而是因為你相當喜歡它。

以下是一些會讓我嘴角上揚的點子：

◆我有一次讀到一則辦公用品大廠史泰博（Staples）的新產品競賽新聞。得獎者提出的好點子，是把號碼鎖的數字改用英文字來替代，這樣就可以把密碼設成容易記憶的單字，而不用背誦一連串的數字。

◆上個星期我收到訂購的一張室外踏墊。當我打開紙箱之後，發現裡面的地毯摺好裝在一個關上拉鏈的塑膠套內。塑膠套的某一面有一個兩英寸大小的三角形圖案，三角形的兩個邊被沿線切割後，翻過來用魔術貼固定住，並在上方印著幾個字：「請觸摸！」製造商想要讓購買者能夠感受到材質的柔軟觸感，免得他們因為地毯的成分是百分之百的聚丙烯，會覺得聽起來又硬又粗糙而不想購買。把我們隨處可見的「請勿觸摸」這個標語改成這樣，真是讚！

◆接著是猶太傳統博物館紀念品店的一塊廣告招牌。這個博物館位在紐約的砲台公園社區，對已經買了一些紀念品要帶回家或回到旅館的外地旅客而言，這裡並不是挺方便的地區。而優比速（UPS）就在紀念品店裡設立了一塊招牌，提供一個分憂解勞的方法。招牌上說：「讓我們幫你提包包吧！」真是說到人的心坎裡了。

◆最近走在曼哈頓的第八大道，我注意到一台載滿旅客的雙層觀光巴士。讓我會心一笑的是這巴士漆上的不是傳統的紅色，雖然紅色確實能讓人眼睛一亮，但市內大多數的巴士業者都是用一樣的紅色。這台觀光巴士仿照紐約市計程車的外觀，塗上黃黑相間的顏色，而他們也真的叫做「紐約計程車觀光巴士」。好點子！沒多花半毛錢（反正他們總是要幫巴士上漆），就能讓自己在視覺上跟競爭者有所區別，而且看起來更「紐約」。

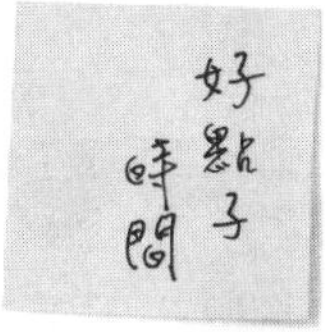

不論我是否每次都有特別提起，當我拿一個好點子當範例的時候，你就應該開始思考，而且如果這個點子夠分量的話，你就要開始考慮：我現在討論的這個點子，能不能用在你的生意上？裡面有沒有什麼相較之下能派上用場的東西？好比說，說不定你的名片已經不合時宜，需要改造一番。還有你的信箋表頭，還有什麼……？

看到一個好點子的威力了嗎？它可以為你的事業帶來神奇的效果。

以下要用一個個案討論來說明好點子的威力。我先說出我的梗：這個點子從未見過天日。它根本從未使用過。雖說每個在廣告界搞創意的人，都有一拖拉庫廣告作品被人放長假的故事，但納入這樁個案是要讓你明白，一個好點子的威力有多大。你會看出這是一個好點子而微笑以對，從中獲得一些洞見。也或者你會說：「這樣就叫做好點子喔？」然後自己著手寫另外一本書。

個案討論：夏普鐘錶

夏普鐘錶（Sharp Watches）是我工作過的一家廣告公司的客戶。我記得該公司的行銷策略是維護與擴增配銷通路，使夏普的指針型玻璃鏡面錶盡量在多一點店面中陳列。

我們的創意策略是去秀出大量的各式夏普產品。在我製播的一支電視廣告中，我們以短鏡頭呈現種種平凡無趣的物件，像是一顆印有兔子圖案的玻璃球、一輛運動腳踏車、一隻金魚、一片白麵包、一個口袋護套，還有一塊紅色磚塊。中間則會（交替）切換到各式各樣近距離拍攝的夏普錶。當物件出現的時候，旁白配音員（只聽得到聲音而不上鏡頭）會用「無趣」（dull）來形容這個物件。而每當錶出現的時候，他就會說：「正點」（sharp）。所以，當物件交替呈現時，廣告訊息就是一連串的「無趣！無趣！正點！無趣！正點！正點！」，最後則來上一句結語，這是我在加入案子以前就由其他人構思出來的：「正點的人買正點（夏普）的錶。」（Sharp People Buy Sharp Watches.）

這則廣告夠討喜，製作成本不高，也能秀出大量的產品。但希望你能明白，這樣的東西不能跟那些出現在電視上時會讓你衝回家告訴小孩、或從廚房跑出來看的東西混為一談。

接著我的好點子就這麼憑空蹦出來了。當你已經不抱希望，正想著其他一些截然不同的東西時，或乾脆昏昏沉沉睡覺去時，答案往往就這麼出現了。我針對同一條產品線提出了一個完全不一樣的做法，擔任美術指導的是卡普托（Sabino Caputo）。

想像在你最喜歡的一本雜誌上有這麼一頁，上面印著從形形色色的紙張撕下來貼上的零星紙片。所有的紙片都有一個共同點，上面都有「sharp」這個字。這個字不是用來指稱手錶的廠牌，而是用來確定人們會在適當的時間準時現身。

其中有一張黃色的便利貼，上面寫著「三點半整（sharp）打電話給唐諾談談有關買直升機、遊艇跟賭場的事！」另外一張紙片則是從一本電話留言簿上撕下來的，在訊息欄上有著這則手寫訊息：「五點四十五分整（sharp）在前門，共乘汽車！」這一頁的隔壁是從一張白色紙巾撕下來的一角，上頭潦草地寫著：「晚上回到家，十一點整（sharp）打電話給榮恩！」另外有一張紙片設計得像一份正式邀請函，可以辨識的文字有：「……您參加」、「……在草地上」、「十月三日晚上六點半整（sharp）開始。」還有其他一兩張紙片，包括一張戲劇演出的廣告單，上面寫著：「明日的表演於晚間八時整（sharp）開始！」

廣告的下方是一支錶的圖片以及一些規定的法律文字。而在眾多斷簡殘篇的正中央，只有一句文案：「注意到了嗎？當人們很看重時間的時候，總是會提到我們的名字。」

這是一個威力十足的好點子。

出人意料但具有相關性，就能使讀者點頭稱是，認同我們的承諾，不只點子的使用壽命有機會延續很久，而且其他人無法照用。明天上午十點的時候（Timex，與天美時手錶雙關）碰面！聽起來就是沒有十點整（Sharp，與夏普手錶雙關）效果那麼好，不是嗎？

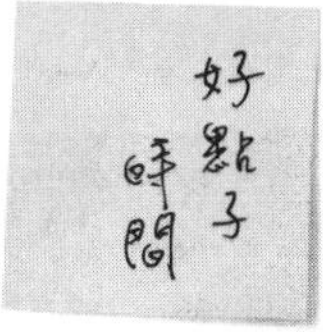

我們在第十二章的時候會談到「吃乾抹淨」的概念。當你有了一個主意，比方說，你替夏普想到「注意到了嗎？」這個點子時，想想看這個點子還能拿來做些什麼。不光是用在不同版本的平面廣告或電視廣告上，也要想想其他的行銷機會。你可以製作電話留言條，在時間欄旁邊把「整（sharp）」這個字印上去，強化產品的名字；或發送一本教人守時的小冊子，贊助人……你想還會有誰？

為什麼這個點子從來沒被用過？原因很簡單。客戶才剛剛推出一支廣告，在那個時間點其實沒有必要考慮去做任何新的行銷推廣。當下一次我再把這個點子提出來時，已經時不我與了。可是，當好點子出現在眼前，我們總認得出來，是吧？

Google的企業事業部門總裁傑若德（Dave Girouard）曾經在《華爾街日報》上說：「很多分析性的資料能帶給我們漸進式的進步，但無法使我們大步躍進。創新，既無法安排時間，也無從規畫。它不會從顧客資料庫中跑出來，它來自某個有想法的人心中。」

第3章 最好的點子來自產品本身

不然你算哪根蔥？

請你明白，我提這個問題，並不是帶著「你真是個囉嗦又傲慢的傢伙」那種對立的感覺。我的意思是，如果你想要讓顧客認識你，那麼，首要之務就是真心誠意地認識你自己。你的事業精髓是什麼？你的噗客本質又是什麼？簡言之，你存在的理由是什麼？是什麼地方使你相信你的噗客與眾不同？為什麼它們比較好？

你在回答自己為什麼要來賣噗客時，雖然不應該油腔滑調地用「賺錢」簡單帶過，但也大可不必花太多時間窩在沙發上，來趟「靈修之旅」，追求無懈可擊的答案。憑著直覺，你對於自己是何方神聖大概已經心裡有底了。不過，把它寫下來是你一定要做的事。你要寫的不是使命宣言、不是商業計畫，不是要你描述你認為的顧客基礎在哪裡，也不是要你列舉噗客的好處。反之，你要寫出一分扼要、基本的總結，說出你的產品或服務是什麼，在你發展行銷概念的時候，以此做為指引與策略方向。除了使你的思慮清晰之外，這麼做還有一個重要的理由。因為真正好的行銷點子——你即將構思出來的那些——其實就來自你的噗客本身，而非只是堆砌其上的花絮。

如果你的噗客需要十七道操作步驟，那麼無論你如何巧妙地宣稱，都很難說服顧客，操作簡便是購買你產品最重要的理由（當然，除非競爭者的噗客需要二十四道步驟）。無論如何，請謹記在心，認識自己無法讓你的產品與競爭者有所區別，你可以因此明白要跟顧客溝通什麼，但不會知道如何溝通。後者就需要點子。

這有點像我在布魯克林九九公立學校（PS 99）科學課堂上學到的定義，不知怎麼地我還記在腦海裡。如果你想要引燃一把火，你會需要某些東西。譬如燃料是必要的，但還不夠。你還需要高溫與氧氣。同樣地，當你想要發展好點子時，認識自己絕對是第一步，但這只是你必須踏出的第一步而已。

個案討論：波特廣告公司

這個案例談到的品牌在本書當中也許不是最知名的，但確實是個好點子，能幫助你了解如何定義自己的公司。當我與我的事業夥伴麥斯卻（Paul Mesches）在一九九三年成立波特廣告公司（Porte Advertising）時，我們對於所創辦的事業、還有我們自己到底是誰毫無概念。我們知道彼此各有不同的背景與工作經驗——大多數時間在大型廣告公司服務——，也知道自己的別名縮寫跟社會安全號碼。可是，這是一家怎樣的廣告公司，我們與其他廣告公司有什麼不同，我們在當下並不明白。

公司的命名倒還簡單。我內人的娘家就姓波特（Porte），可是我取這個名字不是為了表現浪漫的致敬動作，而有著更為務實的理由。大約三十年前，我的丈人在紐澤西開了一家印刷廠，也會用波特廣告的名義服務一些廣告客戶。他們手上還留有一張登記在案的廣告代理商清單，上面列著一些地方上的客戶，有的很活躍，有的則較為淡出。

當我們在紐約開了公司後，名片上印的就是波特廣告跟紐約的地址（你問我丈人同意嗎？老天，名片可是他們印給我的呢！）。早年我們四處拜會的時候，免不了會被人劈頭問道：「那些傢伙是打哪兒來的？」一名片幫了我們很大的忙，我們只要自稱是波特廣告新的紐約分公司的經理，馬上就有了靠山跟信用。前面的問題煙消雲散，只是取而代之的是更多其他的問題。

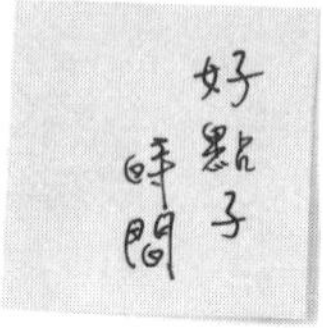

你的公司最近才剛成立嗎？你需要獲得更多信譽嗎？不妨試著告訴潛在客戶你的學歷、你參加的團體、貿易協會或委員會，或是你得過的獎項。你過去的資歷顯赫嗎？你的公司裡有沒有業界知名人士？你能不能從以前的客戶那裡取得證言？你能不能提供新品上市推廣價或交貨時間保證，讓對方願意嘗試你的產品？你有沒有辦法在可能的客戶面前得到發表產品的機會？

除了說我們是波特廣告公司的新任管理階層，熱心、積極、有才華、衝勁十足之外，我們還能告訴未來的客戶什麼？一開始，我們做了每間小公司都會做的事。我們坦然接受公司規模小這個明顯無法迴避的事實，把它當成一項利器，說盡了「小就是美」的所有理由：沒有階層，你交手的對象就是公司老闆，轉彎的速度快，沒有無謂的會議，不搞政治，沒有間接的管理階層，做起事來更有效率、更經濟……。總之，就是所有小公司都會說的話。當然，這些話不過就跟赫赫有名的大企業會對客戶說的相反罷了。大公司會聲稱他們人才濟濟，服務客戶更為便利容易，任何時間都找得到他們，提供的服務多樣化，不會身兼數職、分身乏術等等。

我們在公司的宣傳小冊上說，創立波特廣告公司，是因為想要提供客戶具有成本效益的創意溝通服務，為客戶打造事業藍圖。事後來看，這就好像一名想要說服顧客點漢堡的廚師，在他的菜單上寫著「煮過的切碎死牛」一樣。雖然正確，卻無法吸引人。

隨著公司的業務越來越上軌道，我們開始將自己定位成可以幫客戶用小預算發揮大效果的公司。我們說，我們有辦法做到這一點，是因為我們持續將注意力放在尋找出其不意的方式，協助客戶拓展業務。我們不會一味要求客戶增加媒體預算。此言不假，我們確實會替客戶找到既創新又新奇的問題解決方案，不會為求成效，一個勁地增加費用。我們依舊仰賴在大型廣告公司服務大客戶的工作經驗，但也結合了新創小公司的能耐，為客戶取得重要的行銷成果，我們靠的不是媒體採購，而是我們發想出來的點子，能發揮出既有謀略又令人驚奇的威力。

所以，我們知道自己有幾斤幾兩重，這個自我感覺是對的，因為它發乎本心。我們的定位與其他大多數廣告公司並不相同，看來似乎只要找到適當的遣詞用字來描述，我們就可以做出一番饒富特色的事業。簡言之，我們需要一個好點子（這句話是不是聽起來很耳熟呢？）。

以下是幾個我早年想到，並寫下來要在市場上一較長短的口號：

一、讓大廣告公司從一九九三年開始緊張起來（Making large agencies nervous since 1993）。

二、我們的業務就是要拓展你的業務（Our business is growing your

business）。

三、換成一家大廣告公司的話，你知道我們做出來的作品要收多少錢嗎？（Do you know how much a large agency would charge for the stuff we do?）

四、小蝦米的思維（Small agency thinking）。

五、從一九九三年開始讓大廣告公司聞風喪膽（Scaring large agencies since 1993）。

六、小公司為你創造大效果（The small agency that makes you look big）。

七、大公司的智慧，小公司的聰敏（Big agency intelligence. Small agency smarts）。

八、大鯨魚的思維，小蝦米的機巧（Big agency thinking. Small agency guile）。

九、一人公司兩倍大（Twice as large as a one-man shop）。

如果我們當初就做了現在鼓勵你做的事情，先發展策略，再構思點子，那麼淘汰構想的過程會簡單許多。可是我們跟你一樣，急急忙忙地想要回頭做生意。跟你不一樣的地方是，我這輩子都在做這一行，所以至少對我來說，我可以嗅出點子的好壞。儘管沒有正式寫下來，但我知道我們的策略是說服潛在的客戶，憑著我們在大廣告公司的經驗，我們可以提供跟大公司一樣好的服務（策略性的市場定位、強而有力的創意）。而既然我們已經跟一些預算較少的客戶合作過，我們也學會了如何不靠膨風的預算便能溝通行銷訊息的方法。從這點來看，你認為上面這幾個口號，那一個最好？

答案大概接近「大鯨魚的思維，小蝦米的機巧」這句話。我說「接近」，是因為我們認為「機巧」（guile）看來不是理想的用字，它隱含著玩弄或欺騙人們的小聰明的意思，這可不是我們擅長或打算提供的才能。「我們是誰？提供什麼與眾不同的服務？」最後獲勝者是「大鯨魚的思維，小蝦米的靈巧（ingenuity）」。我們喜歡這些文字的組合，也認為這是一個好點子。

第4章 先決定點子的目的地

你要一個好點子做什麼？到目前為止，你的事業可能做得還不錯，幹嘛自找麻煩？

也許是因為外面有個傢伙正搶下你心知肚明應該拿到的業務。可能他的服務比較好或者折扣比較優惠，或他的客人就是認為他比較優。他們可能會這樣想，但抱歉我必須這樣說，大概是因為他用了引人注目的好點子，讓顧客跟潛在客戶認識他的公司的關係。

嗯！這是你可能想要一些好點子的理由：替自己找到一個凌駕對手的優勢。可是原因不會只有一個。你必須界定並且選出最重要的一個理由，才能知道自己打算拿這個點子做什麼，如此一來，方能決定你的點子應該長成什麼樣子。你希望實現什麼？你要拿這個點子來做什麼事？如果你不知道自己的目的地，又如何知道自己是否已經走到了呢？

你是否想要：

一、開拓某一塊業務？
二、擴張市場？
三、提高市場佔有率？
四、激勵你的業務員？
五、賣出更多噗客？
六、銷售改良版的噗客？
七、讓更多人知道你的存在？
八、改變某一個客戶對公司的看法？
九、讓你的事業看起來比較龐大？
十、踏出成功的第一步（或好幾步）？

有多少生意，就有多少理由。可是，答案絕對不會是：以上皆是。

你的策略越是專一而且焦點明確（這不就是你正在做的事情：發展策略？），你就越有可能根據這個策略發展出扣人心弦、說服力十足又獨特的點子。如果你的策略（你已經決定想要實現的事情）就只是「我想賣出更多的噗客」，那麼幾乎任何你想出來的點子，恐怕都會跟這個模糊的想法一樣索然無味。但如果你的策略比較是走這樣的方式：「我想要讓顧客知道新出品的噗客是紫色的。」那麼你就能量身訂作更聚焦而且有效果的點子。當然，也得小心不要落入細節的陷阱當中，像是：「我想要讓顧客知道，新出品的噗客是紫色、對半折疊、而且外面包著一層新的塑膠套。」

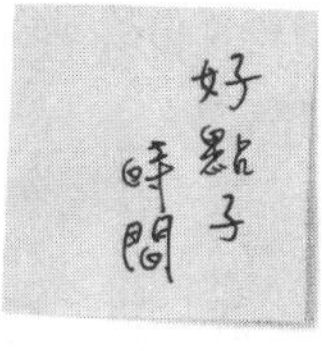

這是一個篇幅很長的章節，雖然很重要，卻是那種又臭又長、被形容詞塞得沉甸甸的敘述性文章，連我自己讀了都不免「眼神渙散」起來。如果你也有一樣的困擾，可以這麼做：暫時只讀本章的「好點子時間」後，就繼續往下一章前進。稍後，如果你願意的話，可以回來讀完整章。如果你不想，我也不會氣惱。這是一種避免讀者感到無聊的「悉聽尊便」法，簡單地說，就是先決定：

- 誰是你想要說話的對象（你的聽眾）？
- 你想要告訴他們有關噗客的什麼事情（你的訊息內容）？
- 你希望他們怎麼做（他們的行動）？
- 你給他們什麼理由去做這些事（你提供的好處）？

這樣可以嗎？現在，那些有意拜讀下去的讀者，請繼續聽我說分明。

你往往會發現，開發一道策略最好的方法，就是去確定想要用點子來解決的問題變數。從解決問題的角度思考，不失為一個好方法。這麼一來，你就可以將策略當成是一種問題的解決方案來發展。

如果你把本章前面的那張清單，用待解決的問題來表述的話，事情就會變得一目了然：

一、我的問題不是如何全面提升業績，而是如何去提升某一個特定區塊的業績。

二、我的問題是如何拓展我的目標客群。
三、我的問題是我在市場上的地盤不夠大。
四、我的問題是業務團隊太自我滿足了。
五、我的問題是我有超額的存貨。
六、我的問題是產品沒有創新性。
七、我的問題是認識我公司的人不夠多。
八、我的問題是顧客對我的公司有錯誤印象。
九、我的問題是人們認為我的規模太小了，不能滿足他們的需要。
十、我的問題是不知道如何與顧客達成初次接觸。

策略是你用來判斷點子好壞的依據，以便確定這個好點子確實是從策略出發，解決問題，而不是賣弄聰明。

發展策略，能幫助你明白你打算溝通什麼訊息。此時此刻，策略不是點子，不是文字，也不是藝術，它就是一種指引。策略不是緊身衣，不會嚴格地限制你要走的道路，使你的創意受到局限。事實上剛好相反，策略為你開啟了創意的機會之窗，引領你穿越諸多可茲採納的路線，聚焦在正確的道路上。我得承認我喜歡好的策略，它讓我知道如何判斷點子的好壞。儘管策略無法用來衡量構想的品質，但它能幫助人們在無數可能的創意當中，找出最適合的那一個。就拿上面的範例來看，其策略可能就是：

一、去增加某一個區塊的業績。
二、去找到新的目標客群。
三、去擴充我在市場上的地盤。
四、去鼓舞激勵我的業務團隊。
五、去減少多餘的存貨。
六、去溝通產品的創新性。
七、讓更多潛在客戶認識我的公司。
八、去把適當的公司形象傳達給我的顧客。
九、向外傳達我的公司規模如何使我得以提供更好的服務。
十、開闢溝通管道，幫助我接觸到新的潛在客戶。

一旦你發展出滿意的策略，便能回答其他幾個不可或缺的問題：你說話的對象是誰？還有你打算告訴他們什麼？換句話說，在你決定了你是誰、以及你將採用什麼樣的策略去接觸你的對象之後，你還必須搞清楚他們是誰，意即你的目標對象是誰；你希望什麼樣的人來買你的噗客。

你可以採用一個或數個你認為有意義的方式定義目標客群，不過，你會面臨跟定義策略時同樣的顧慮。如果你定義的目標客群，模糊程度有如「我希望是……任何可能會買我的噗客的人」的話，你得三思。如果你能更加清晰地描繪出目標對象的形象，例如將策略定為「我想要賣更多噗客給有小孩的已婚婦女」，由於焦點明確，你構想出來的點子也會比較有效。當然，你得留心謹慎，不要把目標對象定義得太過具體，如：「我希望在每隔一個月的星期二下午正在下雨的時候，把更多噗客賣給女性同胞。」

從各種不同的角度來考慮你的可能對象，能幫助你鎖定目標。鎖定目標時，你會從很多的角度來考慮，有些須視你實際的噗客是什麼而定。這些角度可能有：

◆年齡（他們的年齡多大、他們在玩的東西長什麼樣子、他們的骨骼強健嗎？他們是否已經退休？）
◆所得（有錢、沒錢、真的很有錢、預算吃緊、你的㙡客是生活必需品還是奢侈品？）
◆生活型態（自由不羈的、保守的、露營者、攀岩者、讀者）
◆態度（未雨綢繆型、花錢如流水型）
◆地理位置（在地的、跨國的、沿岸的、溫帶的、雨季的）
◆企業類型（私人的、公共的、規模大小、公司文化）

請記得，你說話的對象應該重質不重量。把目標對象假想成一個實際的人，所有的努力都是為了他，可能會對你有些幫助。不要想像一群人，只要一個人就好（我知道要想像一個年齡從十八到二十四歲的人很困難，但你明白我的意思是什麼）。這樣的練習有助於你讓行銷訊息聚焦，不會把你的話、你的錢、你的努力浪費在那些不在乎的人身上。誠如舒波（Carol Super）在她的書《無形行銷術》（*Selling*〔*Without Selling*〕）中所說：「在某些情況下，我會真的在討論的時候走出房間。我站在門外解釋說，現在會有更多其他人能聽到我在講什麼，可是只有在房間裡的人是真的感興趣……」你跟你的目標客群也是如此。如果你的噗客只對長頭髮的人有用，那麼就沒什麼道理把目標放在軍人身上。所以，請小心謹慎地選擇目標，列出可能想要聆聽你的行銷訊息的人。是現在的顧客？前任顧客？還是一個潛在顧客？這個目標對象為什麼會想要買你的噗客？

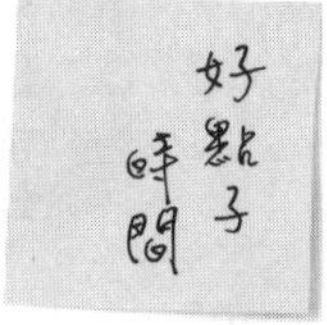

用五到六個同心圓畫出一個正圓形的標靶，樣子就像用麥稈做成、羅賓漢射箭用的那種靶。從最外圍的圓圈開始定義你的目標客群，在這個階段，定義不精確並無大礙，只要寫下你認為你的目標會具有的一般特徵即可。

接著往下一個圓圈移動，修正你的定義，再多增加一些描述，讓它更精確些。繼續向內移動、思考、書寫，當你抵達靶心時，便應該對那些最值得你花錢、花精力去追求的人／群體／關係，能有相當正確的掌握了（所謂「最值得」，是指最可能有需要、有能力而且真的會想要你的噗客的意思）。或者我敢這樣說，這群人能帶給你最好的投資報酬率。

目標有時顯而易見，但遺憾的是，它大多數時候並不那麼清晰。假設你的噗客是一條新推出的巧克力棒，裡面包了軟糖。你覺得你的目標對象會是誰？吃那條巧克力的小孩子？幫小孩買巧克力的媽媽？或者小孩子跟父母都是？可能針對男孩子？或只有女孩子會吃？青少年？兒童？若你有預算的話，進行市場調查能幫助你了解這個品項的購買形態、競爭商品以及其他重要的資訊。這是個你應該投入時間與心力做出正確決定的重要領域，如此方能使你往後的工作輕鬆一些。

選擇適當的目標對象，應與策略相輔相成，使你能周詳地規畫如何達成目標並接觸到你的客群，這對你在其他許多方面的選擇都會構成影響，例如你的訊息內容應該是什麼、要購買那些媒體、以及你的定價。以前面提到的巧克力棒／軟糖案例來看，正確的策略會告訴你哪一種可能的目標對象最值得。而一旦你決定了適當的目標對象之後，這個策略也會幫助你選擇適合目標對象的創意構想。那麼，目標對象是否比策略更為重要？是否比一個好點子更重要？別問我，你已經知道我的答案了。

我要在這裡給你一個真實世界的策略性問題，不須花費一分一毫舉辦焦點團體或進行市場調查，只要運用你的直覺即可。背景說明如下：

在曼哈頓第五大道、四十與四十一街之間座落著一間圖書館的分館。就我記憶所及，就在四十街的街角、圖書館的隔壁有位仁兄在賣二手書。他的目標很明確，會上圖書館的人想必喜好閱讀，所以街頭小販把目標鎖定在這些人身上，自有其道理存在。但這個策略性的問題來了：試圖把書賣給那些只要進去圖書館就可以免費借閱書籍的人，生意會比較好嗎？或者把攤車移到其他街角，說不定可以遇到更多步行的人潮、也不用跟圖書館競爭，才是比較好的策略？這是個你可以思考的有趣問題，在真實世界裡是有答案的。

答案是，靠近圖書館顯然生意比較好。我怎麼知道？因為這位老兄現在還在那裡。如果這不是一個好策略，他的書賣得不好的話，早在幾年前他就會搬去更好的位置了。

個案討論：羅森—普瑞納公司

當年我在替羅森—普瑞納公司的狗食產品製作廣告的時候，有一個任務是某個新開發的狗食商品，代號為布魯特斯（Brutus），最後定名為英雄（Hero）。

這種狗食與其他產品不同之處，在於它是專為大型狗的營養需求所調配的狗食。就策略上來看，我們很清楚自己的方向，所以當然能確定訴求的對象是誰，找小型狗或中型狗的飼主是沒有什麼道理的。簡單吧？然而情況從來就沒有那麼簡單，後頭還有很多跟策略及鎖定目標有關的問題需要回答。

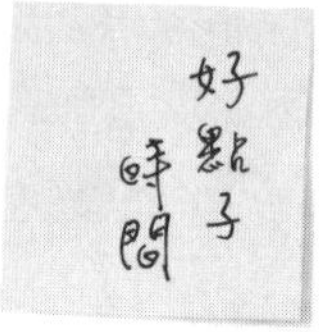

在你著手進行「英雄」狗食這個案子以前，先把所有你能想到、且覺得需要回答的問題寫下來。誠如人們所言，這世上沒有蠢問題（注意，大家捨棄了傻、呆、笨這幾個字不用）。把你所知道的謹記在心：你要把專為大型狗設計的狗食推銷給牠們

的飼主。還有什麼資訊是你想要知道的？

你列出來的問題一定會跟我不一樣，以下是我想要知道答案的問題類型，當時我全然不知這些問題的答案是否重要或能否帶出什麼創意：

- ◆大型狗的飼主之間是否有地理位置上的差異？
- ◆大型狗的飼主大多是年輕人？或是比較年長的人？
- ◆大型狗的飼主是否會有性別上的差異？
- ◆大型狗的飼主是否會有不只養一隻狗的傾向？都是一樣的大小嗎？
- ◆大型狗的飼主自己是不是也很「大隻」？
- ◆在廣告中提供完整的營養配方有多重要？
- ◆提及大型狗易患的疾病（例如髖關節發育不全症）是否重要？
- ◆大型狗到底有什麼不一樣的營養需求？

為了得到答案，我們進行了定性與定量的研究。我們舉辦焦點團體，透過雙面鏡觀察一群消費者對產品問題與產品樣本的反應。在辦過焦點團體與閱讀了其他市場調查的結果後，我有了一些很強烈的感覺。

第一，焦點團體的人相信羅森—普瑞納是一家有信譽的公司，認為他們的寵物產品是健康、營養的象徵。另外，儘管他們不怎麼確定為什麼大型狗的營養需求不同於小型狗（除了食量之外，歌利亞吃的東西跟大衛不一樣嗎？⓬）基於對這家公司的信任，他們願意相信。最後，焦點團體的人證實了飼主與他們飼養的動物間有強烈的情感連結。

羅森—普瑞納累積的傳統，還有飼主與大型寵物之間的關係，讓我明白了廣告應該訴諸感情，但也要好玩有趣。畢竟比起小型狗，大型狗比較會因為體型卡在進退兩難的處境中，而與牠們的飼主產生不一樣的關係。

我的口號（還有廣告歌詞）簡單得很：「英雄狗食，如果你有大狗狗！」在編寫旁白腳本的時候，我們只是再次保證英雄狗食是專為大型狗的營養需求所調配的產品。

因為腳本簡略，所以我們可以給每一個鏡頭更多的時間，讓畫面人性化。在行銷活動中，每一則選來在測試市場上推出的產品上市廣告，都是

⓬ 大衛與歌利亞：作者借用舊約聖經中少年的大衛王（David）斬殺巨人歌利亞（Goliath）的故事，來比喻小型狗與大型狗。

由一系列的片段所組成。每一個場景中會有一個人對著鏡頭講話，故事的開頭都是「我有一隻大狗狗……」，而整段陳述會透過逗趣的視覺畫面以不同的方式結束。

譬如，其中一支廣告是一位老兄開著一輛車，他的大型狗就從車頂天窗中冒出頭來。他的台詞是：「我有一隻大狗狗，所以我得買台有天窗的車。」另外一個場景則是一個穿著運動服的女孩子在做仰臥起坐，她的大狗狗就橫躺在她的膝蓋上幫忙壓著腿。她做了一個仰臥起坐起身時，便對著觀眾說：「我有一隻大狗狗，牠幫我做運動。」還有一個站在沙灘上穿著泳裝的女孩子，她站在濕淋淋的愛爾蘭長毛獵犬後面，說：「我有一隻大狗狗……」就在這個時候，狗狗甩開身上的水，淋濕了那個可憐的女孩，她話還沒說完，就這麼爆笑起來。

我知道我的目標對象是誰（大型狗的飼主），還有我想要告訴他們有關噗客的什麼事（這個產品是專為那些狗狗調配的），然後我給了他們一個相信的理由（羅森—普瑞納出品）。所有這些，都透過一個好點子緊緊相連起來。

第5章 不要只打安全牌

我認罪：毫無疑問，我跟你們當中最懶惰的人一樣懶。我會拖拖拉、四處溜達、數數我的開瓶器有幾支……什麼事都做，就是不願意面對想出一個好點子這種吃力的工作。我不會羞於承認。正因為知道我是個懶人，所以我會強迫自己在一開始便盡可能努力工作，不想出一個好點子誓不罷休。我已經學到教訓，明白一旦想出好點子，會讓後面的每件事情都輕鬆許多。

如果你也是個懶人，對自己的能力沒有信心；或儘管你承認好點子很重要，但就是忙到分身乏術，沒有太多時間想出一個好點子，那麼以下是我要你做的事情：就努力工作一次，把你的點子想出來。因為……最好的部分來了，這是你的誘因，也是我的保證：一旦你有了一個好點子，剩下的事情都會相當簡單。我發誓。

努力工作「一次」並不一定表示一口氣做完或只嘗試一次，但確實是要非常、非常、非常認真地努力工作。它意味著去觀看、去閱讀、去寫作、去研究，而更多的時候，是一直要去面對創作過程中的沮喪感。

後面還有很多章節會告訴你如何運用好點子。你會找到方法改進構想、超越現況、大放異彩。但是，這一切都基於一個前提，那就是在一開始的時候便想出一個好點子。

每個人的工作習慣不盡相同。你可能喜歡先處理簡單的事情，再來面對困難的部分。你可能會為專案的運作機制而發愁，但不會煩惱內容。無論你習慣的工作方法是什麼，構想出一個好點子所要付出的努力，都是免不了的。

這個構想將會成為後面每件事情的基礎，這也是為什麼我們要花費這麼多時間去琢磨的原因。再次跟各位保證，你在這件事情上越是努力，剩下的工作就會越簡單。

個案討論：奧絲多洗衣粉

奧絲多（Oxydol）是一種用於洗衣機的洗潔劑。我在做這個廣告專案的時候，奧絲多還是由寶鹼銷售的品牌。一如寶鹼向來強調產品差異性的做法，奧絲多的差別在於它不是個普通的洗衣粉，裡面還含有漂白晶體。為了使消費者能注意到這個差異性，他們把某些晶體染成綠色，讓消費者能用肉眼看到。

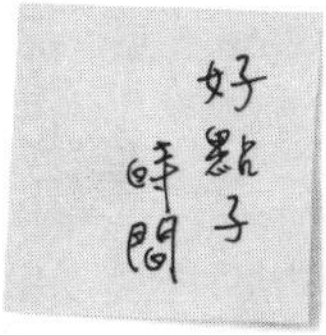

你的噗客是否能用顏色來彰顯它的差異性？你能加上顏色讓噗客的外觀看起來更醒目嗎？有一位客戶擁有一台專利攝影機，內建多種響鈴與伴奏的哨笛聲。可是光從外表看不出攝影機的差別，更別提看出它的好了。所以我們建議客戶把攝影機塗上不同的顏色，除了標準的黑色之外，幾乎任何顏色都可以，這樣才能在視覺上顯現出它有別於普通攝影機的訴求。

公司的策略就是去說服婦女同胞，奧絲多因為含有漂白晶體，所以比起其他洗衣粉，能把衣服洗得更為潔白。你可以沒完沒了地在製播的廣告中，說綠色的漂白晶體保證能讓你的衣服特別潔白，或說奧絲多的盒子裡面已經含有漂白晶體，所以不需要額外加入漂白劑，當時我工作的那家廣告公司就是這樣。我很確定我們也考慮過這個產品類別所有想得到的角度，像是：「媽咪們，如果妳真的想要讓家裡的衣服乾乾淨淨」或「看！這個汙點消失了」，或其他典型的好處。

這個獲得一致同意的策略，引導我們去發展出那些理所當然的廣告製作。若你的噗客跟寶鹼的產品平時編列的預算一樣多的話，說什麼就沒那麼要緊了，因為你可以說很多次，直到人們聽進去為止。當然，構想越好，媒體能發揮的效用就越大。但如果你的預算有限的話，就得做些不一樣的事——仍舊從策略出發，但要超乎尋常。

當時我就跟奧絲多的漂白晶體一樣青澀，剛剛加入一個已經成立的團隊擔任新的文案。我的心思全放在讓老闆留下深刻印象，並不真的在意是否能將廣告推銷給客戶（既短視又愚蠢，跟瑟茲薄荷糖的廣告一樣⓭）。

⓭譯注：瑟茲（Certs）在一九六〇與一九七〇年代在美國電視上大量播放廣告，廣告中有兩個俊美的年輕人在爭論薄荷糖是一種口氣清新劑或是一種糖果，廣告最末透過一個旁白解決了這個爭論，說：「Two, two, two mints in one!」，表示瑟茲薄荷糖是兩者合一的產品。這個廣告被封為史上最蠢的廣告之一，其廣告旁白「Two, two, two ____ in one!」在美國的大眾文化被廣泛引用，諷刺人們在毫不重要的議題上爭論的荒謬。

所以，我真的很努力地工作，挖掘所有我以為老闆可能會喜歡的點子。換言之，就是所有老掉牙的陳腔濫調全出籠了，因為這些都是從我看過的每一個爛廣告間接抄襲而來的，但我以為這樣能表現出我知道撰寫商業廣告的公式是什麼。我日以繼夜，寫了又寫。結果呢？

一個好點子都沒有。沒有一個新穎、新鮮、引人入勝的點子。由於我只是一個勁兒去預測別人可能喜歡什麼，並不是真的想要把事情做好，所以發現好點子的機會微乎其微，就算好點子神奇地出現也認不出來。

我想我的老闆看得出來我想要打安全牌，到了星期五，他要我回家去，星期一帶個真正的好東西回來上班。他給我的挑戰是緊盯著策略，但丟掉所有實際存在或自我設限的規則。我回去後決定想出一個真心相信的點子，就算沒有人喜歡，但至少我可以坦然地為它的優點辯護。這恐怕是我有生以來第一次體會到所有的辛苦與努力，即使是——或特別是——要拋棄你一開始構想出來的所有爛點子，到頭來都是值得的。

我發現你必須走完整個流程，去發展然後丟掉拙劣的作品，最後才能創造出那個心之所嚮的好點子。在這個過程當中，有一個部分是要去學會如何區分好點子與爛點子之間的差別。一個乍看之下新鮮有力的點子，可能直到你試圖加以塑造才知道不是這麼回事。或者一個你本來不怎麼有把握的點子，但發現經過一點扭曲、一些打磨，這個點子其實相當不錯。

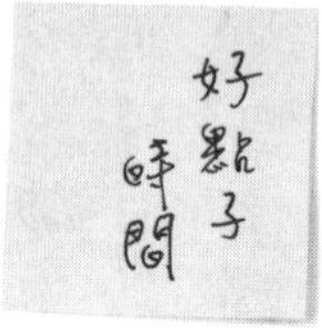

當你已經做了所有初步思考，也真的非常努力去構思一個實在的好點子卻沒有成效時，那麼就先走開吧！休息一下、放鬆一下、跟你家的小孩玩玩、打個盹。創意發想的美妙之處，就是當點子出現的時候，你不一定要坐在電腦前面。重點是讓你職司創造的潛意識去運作，它往往在你甚至毫無所知的情況下，產生使你驚豔不已的成果。

那個周末，我果然想出了很多點子，其中有些真的很好。我特別鍾情的那一個點子，就剛好打破了寶鹼的每一條規則。可是，它確實是根據大家接受的策略而定的：拜漂白晶體之賜，用奧絲多洗出來的衣服比其他洗衣粉更潔白。我的構想是一齣洗衣服比賽的嘲諷劇，我從來沒在其他地方看過類似的構想……嗯，也許看過吧！但我真的不記得曾經在電視上看過任何特別的清潔比賽。這就好像你在卡通裡看到一個小學生坐在教室的角落，頭上帶著錐形的傻瓜帽⓮一樣，儘管很少有人真的看過這種情景，但還是立刻以為這是真實事件。

我虛構了一個家庭主婦比賽，讓一群女性站在她們的洗衣機前面，每一台洗衣機上面都放著一盒洗衣粉，標誌被棕色的包裝紙遮了起來。廣告旁白員開始告訴觀眾比賽結果。在他宣布得獎者之後，好玩的地方就開始了。當其他的參賽者向得獎者聚攏，撕開她的洗衣粉盒子外的包裝紙並露出奧絲多的標誌後，便開始大聲抱怨起來，說些諸如此類的話：「嘿！這不公平！」「看！綠色的漂白晶體，這一定是奧絲多。」「當然會是她贏囉！」「拿掉漂白劑，那她的洗衣粉就跟我們的沒兩樣。」「他們說這是一個公平比賽耶！」當這些人逐漸靠近，對得獎者微微顯露威脅之意時，便由廣告旁白員對著全世界說：「奧絲多，有了綠色的漂白晶體後，讓你的衣服潔白無比！」（旁白員說完後，螢幕上奧絲多洗衣粉的旁邊，便接著出現了三個字的標題：「不公平！」）。

⓮譯注：傻瓜帽（dunce cap），昔日做為懲罰成績差的學生戴的一種圓錐形紙帽，現今的教育已經少見這種做法，但還是會在卡通影集中看到這類描繪。

以寶鹼向來的廣告來看，這肯定是個讓人始料未及的點子。「不公平」的口號也一樣，這句話畢竟不是在說產品的好處，也不是一種訴求，甚至談不上是一個完整的想法。可是它確實意味深遠，觀看者只要憑著常識，便可以輕易地引申出奧絲多的成效與優越性。綠色漂白晶體造成產品效果的差異性，而廣告一心一意地把焦點放在這上面，當然能強調出奧絲多的優越了。到今天我都還不太敢相信自己想出了這個點子，儘管它很不尋常，但寶鹼看得出它的好，也透過測試與調查確認了他們的看法。

由此你可以看到認真工作的威力，就那麼一次就好。我那個周末加班工作想出來的點子，自此展翅翱翔。「奧絲多把衣服洗得這麼潔白，不公平！」成為廣告的基調，在電視廣告中使用了許多年，最後還找了傑出的喜劇女演員佩特凱若（Pat Carroll）來擔任代言人。這個點子之所以能夠改變廣告的視覺效果、公式與製作方式，原因很簡單，因為它一開始就是一個好點子，雖然我不是一開始就想出來（可能想了二十次之久）。我想，這就跟探勘金礦的人一樣，他知道只要找到金礦，所有的辛苦都將值回票價，所以他願意忍耐。追尋一個好點子，也是一樣的道理。

第6章 內外齊下吸取創意養分

看，那裡有個好點子，就在檯燈旁邊。還有那裡，桌子後面還有另外一個。我當然不是說真的。不過你會發現，好點子正在等著你去發掘、去打磨、去上色、去塑造。

構思好點子的過程可以拆解成方便駕馭的簡單步驟。如果你的點子乍看之下，唔……很眼熟、很乏味，甚至說得白一點：很蠢。不要擔心，一旦你把它寫下來，就會看到其他構想如何源源不絕而來。

只要你應用後面章節的指引，就會知道怎樣改進一個平凡的點子，讓它閃閃發光，成為一個傲人的作品。

要記得在某些時候，構思是整個過程中最重要的部分，但還沒那麼快，先透過前面幾次的嘗試，去熟悉與習慣構思的過程：發掘點子，寫下來，把概念理得越清楚越好，然後盡可能發揮創意。再來我們就要煩惱如何把一個點子吃乾抹淨，還有如何把不錯的構想變成好點子，但稍安勿躁，誠如美國作家拉莫特（Anne Lamott）《一次一隻鳥》（*Bird by Bird*）書中所說的：「不用煩惱怎麼做好，放手去做就是了。」

在創意發想的過程中，你總是會覺得沒有準備好、缺乏安全感、或認為你的點子永遠都不夠好。會有這些想法是很自然的事，又如果這一切對你來說是全新的經驗，你肯定會更加焦慮。通常在這種情況下，你會跟著認為：「我再也想不出好點子了！」我們要懷抱希望，尤其當這是你的處女秀的時候。

我記得某次與葛林（Adolph Green）的談話，他跟他的夥伴柯丹（Betty Comden）合作譜寫了多首膾炙人口的音樂劇歌詞，《錦城春色》（*On The Town*）、《大城小調》（*Wonderful Town*）、《電話皇后》（*Bells Are Ringing*）只是其中幾個例子。我問了葛林有關他們創作《萬花嬉春》（*Singin' in the Rain*）電影劇本的情況，這部電影在大多數的十大好電影排行榜上都能看到。由於最後出來的劇本如此流暢，我很好奇他們在創作的時候是否不費吹灰之力。這位戰功彪炳的作家說，他與柯丹創作《萬花嬉春》電影劇本的過程，就跟他們每次做專案的情況一樣。創作過程的初期，他們會跑去找製作人，說他們做不來，沒有一個點子夠好，他們可不可以把報酬退還，打道回府，回紐約老家去！

如果像柯丹與葛林這樣有著豐功偉業的傳奇性人物，都會有創作焦慮感，那麼讀者諸君肯定也會有。衷心希望你的點子也會跟他們一樣，有開花結果的一天。

當然，有時候構想也會突然蹦出來，如此自然、合乎邏輯且精巧，你馬上就能認出來，這是一個好點子。

假於內求：公司同仁與合作夥伴

蒐集你的公司以前或現在使用的行銷材料，給貿易商或消費者的平面或電視廣告、宣傳手冊、網站、產品銷售傳單（sell sheet）、媒體宣傳包（media kit）、直效郵遞廣告（direct mailing）……，通通拿出來。

閱讀這些材料，然後把裡面任何你認為有優點的想法、字句或點子寫下來。再次聲明，這不是剽竊或盜用，只是藉此獲得一些刺激，又說不定你會感到失望，不過肯定的是你會知道要避免哪些東西。你可能從中看到什麼，促使你蹦出了某個以前從來沒想到的觀念。寫下來吧！

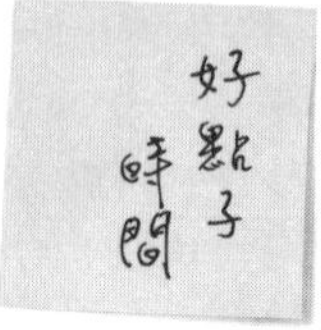

把宣傳手冊、廣告、郵遞廣告或任何你正在細看的東西重寫一次。我的意思不是改寫，而是真的去抄寫。如此一來，才能迫使你真正地檢視與思考其中的字句是怎麼構成的。如果只是細看，無論你認為自己有多麼謹慎小心地檢查，往往還是會讓字句段落就這麼溜過去，沒發現你以為正在讀的內容並非紙上的內容。

抄寫能讓你體會這個作品的節奏與口氣，因此可能會為你帶來某些有趣的感想。此外，你也可以拿你的文具用品、公司名片甚至公司的口號來如法泡製，端看你勤奮認真的程度，還有你有多少時間而定。想要發展出好的構想，也許從最明顯的地方開始，是一個不錯的點子呢！

現在，你已經檢查過、抄寫過、也徹頭徹尾鑽研過公司正在做的行銷材料，跟你的員工談談看怎麼樣呢？又如果你本身就是員工，那麼不妨跟你的同事聊一聊。問問他們對公司的噗客有什麼看法？噗客為什麼比較好、比較與眾不同？還有要怎麼改進公司的行銷活動？問問他們真的喜歡噗客的點是什麼？他們覺得真的很重要的這些點有被溝通到嗎？有沒有什麼特色是他們覺得競爭者沒有、而且應該在行銷的時候更突顯出來的？

不必正式召開會議決定一個新的五年行銷計畫，透過飲水機旁的輕鬆談話也無妨，你要尋求的是立場、風格與想法大致都跟你不一樣的人，提出有別於你的洞見與觀點。

要不要跟供應商談一談，獲得一些見多識廣的點子呢？幫你做印刷的廠商、噗客的零件供應商、壽險／醫療險的保險業者，每個供應商都可以，他們看事情的角度會比較寬廣，也會有跟你不同的想法。當然，他們也比較主觀（就算你是他們主要的衣食父母也一樣）。他們會很快戳破你那些「為什麼全世界的人都應該堅持只用你的噗客」的膨風點子。

到了這個時候，你已經檢視過公司的行銷材料，也跟員工及供應商談過了。那麼，你的顧客呢？他們是一群已經信服噗客的好處與優越性的人。你不想要知道他們為什麼成為你的顧客嗎？答案不見得是因為你的服務優良、價格低廉，或你的個性迷人的關係。說來令人傷心，他們之所以賞光，很可能只是因為習慣了。發掘他們的想法，不只是針對你的行銷內容，也要針對噗客本身，這會是一件很有趣的事，特別是在你的行銷內容跟他們眼中的產品有落差的時候。

假於外求：競爭對手

現在，你已經反躬自省，檢討了自己在用的行銷材料、研究過你的廣告作品，也跟你的顧客、員工及供應商談過了。在發展好點子之前，還有什麼事情要做嗎？如果你仔細看了這一節的標題，就會知道答案：往外看的時候到了。你會發現兩者的過程相近，但不是從公司內部反求諸己，而是從公司內向外看。

看看競爭對手的網站、廣告與行銷材料，這些東西應該不難找。公司裡某個人可能認識一些跟你的競爭者有合作關係或曾經替他們工作的人，你想必也能在商展上拿到他們的廣宣品（所以也不要訝異你的競爭對手會去研究你在自己的展覽廣宣品上說了什麼）。

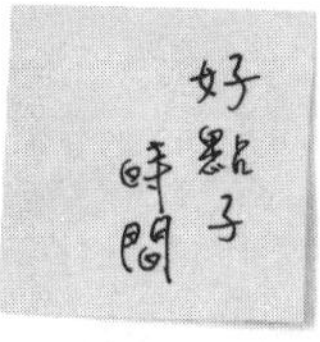

下次（其實，是每一次）當你去參加商展或研討會時，花些時間看看你的競爭對手在做什麼，最好不要帶有批判的眼光（那些呆子！難道他們不知道這個風潮已經結束了，明年的噗客全都要縮短三英寸嗎？）。看看他們的看板上寫些什麼？他們提供的產品、強調的特色有什麼不同或新鮮之處？蒐集他們所有的廣宣品，在他們的郵遞名單上註冊。向那些你還不認識的競爭者自我介紹，跟他們聊聊。我們知道你絕對夠聰明到不會洩漏不該洩漏的事情，但我們還不了解他們，不是嗎？

回頭去找你請教過的供應商，問問他們對你的競爭者有什麼看法。他們從你的競爭對手那收過哪些類型的廣宣品？他們對競爭對手的噗客有什麼想法？他們是否知道下一季對方會有什麼進展？再次聲明，這麼做是要取得能幫助你改進生意的資訊，並不是剽竊其他人辛苦工作的成果。

這裡有一個向其他行業取經可以為你帶來什麼好處的案例。我的廣告公司最近跟一家建商開會，目的是要初步「認識對方」。但我離開的時候已經得到了一個觀點，這家公司跟別人不同之處，在於他們不但知道如何設計非常吸引人的商業建築，更知道如何透過設計盡可能擴大可租賃的空間，幫業主創造利潤。

儘管我對建築業的知識、行話或競爭情況所知不深，但這似乎是一個開發好點子的可能方向。要記得，我們只有會面過一次，不知道他們是否也找了其他廣告公司，或是否真的打算請廣告公司，但我不知怎麼地覺得很寬心，如果有個人在晚上把我吵醒，跟我說他們隔天需要一個點子，早上八點以前拿不出東西就會丟掉生意，那我至少已經有了一個構想，至不濟也算有了一個想法，可以做為發展好點子的基礎。有句名言說得好：「唯戒慎恐懼者，得以倖存。」⓯

在那一個星期的稍後幾天，我讀到一篇有關航空公司的文章，談到該

⓯譯注：英特爾（intel）創辦人葛洛夫（Andy Grove）的一句名言，兼一本著作的書名《*Only the paranoid survive*》（中譯本為《十倍速時代》）。葛洛夫於書中提出，企業經營應該要對變化保持一種疑神疑鬼的態度，才能在競爭市場中存活下來。

產業需要在利潤與創意之間取得平衡。我意識到這個情況跟那家建築業者所面對的兩難有許多雷同之處。從某個極端的角度來看，一家航空公司可以為了賺到最多的錢，決定在每架飛機上盡量塞進最多的座位，並盡可能提高售價。又或者他們也可以決定刪減大量的座位，設計內部裝潢，使旅客每次的航程都能享受到最大的舒適感。

本質上這就跟一家建商每次要設計一棟建物時所必須做的決策一樣：設計自由度與營收之間的對抗。從局外人的角度看這些因素，以不同（航空公司）的觀點思考，可能會替一家建商想到出乎意料的點子與有創意的解決方案。

個案討論：紐約防盲組織

視清眼鏡公司（ClearVision Optical）的執行副總裁富萊費爾德（Peter Friedfeld）問我是否願意承接紐約防盲組織（Prevent Blindness NY）的義務工作，這家組織致力於發展預防失明與保護視力的方法。他們想要的是一句可以用在行銷品上的口號或標語。後來，富萊費爾德告訴我，我替他們做出來的東西根本不是他們想要的，他們一直以來想要的是一句可以跟「預防失明，就看你自己」（Prevent Blindness NY. It is up to you）類似的句子。或許更有創意一點，像是「預防失明，讓人生路走得更清楚」（Prevent Blindness NY. See your way clear）。

我已經跟那家組織裡的人談過，也看了他們的網站、讀過他們的材料。我自己在做非正式研究時，因為從組織內部往外看，發現了一個根本上的問題。當我就視力受損這件事情請教我的同僚、家人及朋友，要他們把防盲組織跟其他機構做個比較時，很明顯，幾乎跟我談話的每一個人都認為預防失明是不可能的事。

他們相信自己知道光明之家（The Lighthouse）⑯在做什麼，譬如說，這家機構提供教育訓練，也搭配專門設計給視力受損的人用的產品，像是特殊的撲克牌、時鐘、放大鏡、語音產品及特殊電腦。

另外一個處理視力受損議題的機構海倫凱勒基金會（Helen Keller Foundation），大多數人則認為他們透過研究、教育與訓練去滿足盲人與視

⑯譯注：全名為美國盲人與視力障礙者光明之家（LightHouse for the Blind and Visually Impaired（USA）），是一個經由提供復健訓練與就業、教育、休閒、資訊等相關服務，而促進視障者獨立、平等與自足的機構。

力衰退者的需要。但一家可以實際示範如何預防失明的組織，我周遭的這些顧問團怎麼想呢？不可能。這個質疑引導我想出最後終被採納的句子。針對大多數人不認為他們可以預防失明這個事實，我的好點子就是告訴大家，他們真的可以做到。當我們說「預防失明」，而大家在潛意識裡想的是「做不到」時，我以這句口號回答了他們不曾言明的質疑：「沒錯！你真的做得到！」

新的標語就是：「預防失明。沒錯！你真的做得到！」（Prevent Blindness NY. Yes, You Really Can.）。過去確實是有些事可以做的，現在也一樣：研究調查、倡導視覺意識計畫、在學校進行廣泛的視力測驗，讓人們在年紀還小的時候便能偵測、延緩或預防未來可能產生的視力問題。如果我沒有「假於外求」，去跟活生生的人談話，我永遠也不會發現大眾之間瀰漫的懷疑態度，也不會想到這個好點子。

好點子時間

不要只注意你自己這一行以及競爭者的廣告宣傳，也往圈外看看吧！你銷售的是高檔奢侈品嗎？那麼，高價酒或高檔汽車業者所做的行銷宣傳中，有沒有什麼可以套用在你的產品上？如果你在速食業，不要只盯著麥當勞或漢堡王，而忘了「假於外求」。看看其他行業中價格定位跟你接近的業者，例如平價鞋、經濟型旅館或是低成本航空公司都怎麼做呢？他們之中是否有人發現了一個也可以用在你的顧客身上、讓你在同類產品中變得特色鮮明的銷售點？誠如紐約市長彭博（Michael R. Bloomberg）談到巴黎的自行車租賃方案時，在《紐約時報》上所說的：「你試著去看這個方案是否適合紐約，有些部分會適合，不過它更有可能的是給你一個點子，去做出完全不一樣的東西。」再次聲明，汝勿剽竊（thou shalt not steal）！

個案討論：英國名牌袋鼠帽

我曾經接到一個任務，是幫袋鼠帽（Kangol Cap）製作一則廣告。他們若不是要替高爾夫球帽刊登一則在高爾夫球雜誌上的廣告，訴求對象是打高爾夫球的人的話，整件事情會好玩許多。如果你熱愛高爾夫球運動，這個工作對你來說也許是小事一樁，可我不是。

我這輩子只打過兩次高爾夫球，都是在標準桿三桿的小型短距離球場。撇開我跟小孩玩的迷你高爾夫球，打那兩次球，大概就是我對這項運動的經驗與知識的總和了。倒不是因為我必然會同意馬克吐溫（Mark Twain）的看法：「打高爾夫球就是把一場好好的散步搞砸。」（Golf is a good walk, spoiled.），只是因為我來自布魯克林（Brooklyn），這足以構成我對高爾夫球沒興趣的理由——但棍球（stickball）又是另外一回事了。

既然我對這項運動一無所知，於是我便假於內求，閱讀高爾夫球雜誌跟報紙上的高爾夫球專欄，也跟每個我認識又知道高爾夫球二三事的人談話。聽過高爾夫球愛好者的意見、看了高爾夫球的廣告，也做了所有我建議你做的事情之後，我掌握了相當程度的資訊與認識，可是還是沒有想出一個夠力的點子。重要的學習來自於我「假於外求」的時候，我問了人們有關運動的一般性問題，討論棒球、足球、橄欖球、籃球，甚至還聊起彎身球（stoopball）⓱。

最後，我福至心靈，明白了人們相信所有各式各樣的運動都有一個共通要素，那就是無論什麼比賽，好的選手會分析、檢驗與審視自身、他們的團隊表現以及競爭對手，追尋最為細微的優勢以求逆轉勝。我知道怎樣把這個道理應用在高爾夫球上，也因此終於想出一個好點子。

那是一個跨頁的廣告，跨頁本身就是一個不賴的點子。在左頁靠外側上方四分之一處是一道問題：「高爾夫球最重要的是什麼？」與問題遙遙相對，在右頁外側上方角落的是答案：「那就是如何運用你的腦袋瓜。」答案旁邊還伴隨著一禎戴著袋鼠高爾夫球帽的男人近照。這些內容再加上簡短的廣告內文，就是整個廣告本身了。這是一個我完全沒有感覺的產品類別，直到我假於外求，才讓我想出了一個好點子。

⓱譯注：一種盛行於布魯克林及其它內陸城市的運動，類似棒球，只是玩法是把球丟向街道上通往建築物的階梯，而不是丟給一個打擊者。

第7章 耐人尋味，但不能高深莫測

好點子不是用來向世界展示你有多麼聰明伶俐。我知道截至目前為止，你一定已經看過一些太過聰明伶俐的點子，讓你覺得需要一張地圖或一本字典來搞清楚他們想要說什麼。一個好的點子，絕不可能晦澀難懂、莫測高深。就定義上來看——至少以我的定義來看——會讓人感到迷惑的點子，就不會是一個好點子。

好點子可以耐人尋味、可以引人入勝，但不能毫不相關或打啞謎。你若執迷於自己的巧思慧心，真的以為讀者願意費力咀嚼佶屈聱牙的文字，然後回報你一個「啊！有夠機智！」，那你就是「啊！有夠離譜！」。千萬不要忘記，好點子的重點在於賣出更多噗客。機智可以使你的點子脫穎而出，受到注目，但太過機智的點子只是讓你自我感覺良好，對業績並無太大幫助。

清楚，並不意味乏味、保守或平庸，但它確實表示你的點子溝通了你想要說的事情，將你認為最有機會引起注意的訊息傳達出去。總之，清楚明白帶來的效果往往出乎你的意料，它可以引導出一個好點子，而且本身經常就是一個好點子，這也是為什麼把在你看來再簡單明顯不過的想法寫下來，並非浪費時間的緣故。

你的訊息至少應該直截了當地傳達出你想表達的意思，這是很重要的一步。而若要做出清楚明白的陳述，不管是為了一段文字的起頭或是用在標題上，提出像記者在查明基本事實時經常問的那些問題，將會對你有所幫助。包括：

◆**何人（Who）**：你的訊息要對誰而發？批發商、貿易商、最終顧客？換句話說，誰是你的目標對象？

◆**何事（What）**：你想要說有關噗客的什麼事情？你想要傳遞什麼消息或資訊？你的產品有什麼好處？你的噗客可以讓生活更便利、讓人們更省錢，或延長壽命嗎？你能想到一個、兩個、或六個有關噗客的事實，是競爭對手的產品所沒有的嗎？或如果這個好處並不真的是你的噗客所獨有，你能至少運用公司歷史或品牌個性，把這些好處陳述得更有權威感與可信度嗎？

◆**何時（When）**：截止期限往往決定了結果。你現在就需要這份溝通材料，或你還有時間再多琢磨些，把訊息塑造得更好嗎？這是某個有特定日期的商展，還是可以再等一會兒？會不會錯過雜誌的「定稿日」（讓廣告刊登上去的最後供稿期限），或是你還可以多花一點時間去改進？

◆**為何（Why）**：這一直都是個好問題。你為什麼要尋找一個好點子？你有什麼真材實料的新聞或特定訊息要發布嗎？你是在回應競爭對手的動作嗎？你要發表一個新版／更低價／改良版的噗客嗎？或者你只是厭煩了現在使用的行銷品？

◆**何地（Where）**：這個點子要用在什麼地方？用在公司的信紙表頭？部落格？櫥窗上的招牌？電視節目？在全國性雜誌上的一幅彩色封底廣告？這確實重要，但我的看法是，並沒有你以為的那麼重要。

譬如這裡就有一個恐怕稍嫌聰明伶俐了些的點子。

我要舉辦一場二手貨庭院拍賣會，而如你現在想像得到的，我並不滿足於刊登一則標題只寫：「庭院拍賣會」的廣告。所以我在當地報紙上刊登的廣告便這樣宣稱：「我要銷售在你的庭院拍賣會上買到的所有東西。」結果參觀的人潮還不錯，東西賣出去，書本也都送光了。如果我依循傳統的做法與用詞遣字，結果會比較好或有所不同嗎？我不知道。部分的我會說，這是在沒必要、不被期待或沒有幫助的地方為機智而機智。但從創意的角度來看，抓住每個機會嘗試發揮創意，也頗值得一書；這類練習是有益的，你做的練習越多，創意發想就會越簡單。

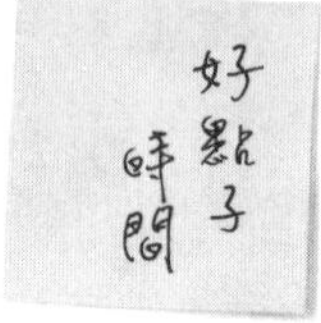

當你有了一些似乎會變成好點子的想法時，要開始進行以下兩種練習：

首先，設法把它們弄得更機智巧妙一些。其次，往相反的方向嘗試，試著讓它們盡可能清楚，力求做到易懂、不複雜的溝通，不要搞成像是在比賽拿冠軍。如果後者會讓點子變得笨拙，甚至沒有一丁點驚喜之處，那麼就往機智的方向走。不過，不複雜與簡單易懂可能會產生比較令人折服且強而有力的訊息。

曾有一次，我們幫Gideon Schein公司製作一個行銷專案，這家公司在做的東西，剛好就是這個案例的重點。他們來找我們的時候，正在使用一本宣傳小冊，裡面標榜該公司的業務內容，說他們是「家庭辦公室顧問」（Family Office Consultant）。瞭了嗎？你有認識任何人因為他們的服務而想要聘請他們嗎？那好吧！我再告訴你，他們用一句話來定義服務的內容：「專家讓你的生活更輕鬆，私人、公務與財務事務的一對一管理」。

你會想聘用他們嗎？大概不會，尤其如果你跟我一樣，發現他們最重要的業務其實是幫高齡人士管理各式各樣的私人與法律事務，而且是到府服務。

以下是我為他們的業務所下的定義：「銀髮族的到府服務行政總管」。我這樣解釋他們的服務內容：「幫助你管理與協調你的私人、財務、法律與保險事務」。你可能還是不會想要他們的服務，可是我有把握，你知道他們在做什麼了。

由於我擔心有些人仍然會以為他們只是單純的會計人員，於是我又想出一句口號，進一步定義他們的差異性：「記錄生活，不是只有記錄帳目！」（其實我原本想出來的是「不只記帳，還記錄生活！」，但我的客戶非常睿智地把句子倒過來，以肯定句開頭，而且把重要的訊息放在前面）。

魔鬼就藏在細節裡，以下便是一例。客戶告訴我們，他們訂了一個小小的攤位，不久之後就要參加商展。攤位裡只有一張桌子、幾把椅子，背後還有一面牆可以拿來宣傳他們的服務。他們知道，這次跟以前一樣強敵環伺，四周都是較大的公司、知名的老人安養律師、還有保險與年金業者，預算比較多，攤位布置也精美極了。而我的客戶說，他們沒有預算把攤位布置得更突出。

我們現在已經知道行銷的重點不在預算，而在你的點子。我的點子是這樣的：我建議該公司別再想什麼花俏的攤位了；相反地，他們應該努力把焦點放在能反映出他們本身以及業務內容的重要元素上，換言之，就是要能表現出他們是「到府服務」的行政總管。何不把攤位設計成某個人家裡的房間呢？攤位也可以是一個現代、摩登、又「像家一般」的空間啊！你只需要一張合適的桌巾、一面鏡框、一些花，還有幾個不貴的配件，便可以把「到府服務」的差異性淋漓盡致地表現出來，很省錢，而且看起來像是為了彰顯訴求而故意設計成居家的環境，不是因為沒錢的關係。

他們接受我的提議，事後得到最有意思的反應是來自展覽主辦單位的某位女士。她說這是她第一次搞清楚他們的公司在做什麼業務。

個案討論：達拉斯燒烤餐廳

達拉斯燒烤餐廳（Dallas BBQ）是一家位在紐約、擁有八間店面、由第三代經營的家族企業。他們十年前聘用我的廣告公司時，時代廣場的餐廳正要開張。在那以前，這家餐廳一直很成功地憑著美食、物超所值與口碑打響名號。但業主認為也許該是時候來做點傳統的行銷了。在討論過幾個選項之後，我們取得共識，訂出一份最能夠接觸到觀光客與紐約客的媒體計畫。

媒體選定之後，問題就來了：要說些什麼？這本書就是要來幫助你回答這個問題。

這家企業從來沒有形成一套正式的創意策略，可是因為是家族企業，跟業主談談至少可以很快得到答案，馬上做出決定。

達拉斯燒烤餐廳有什麼可說的呢？訊息很多，而且都很有道理。我們可以把焦點放在他們的：

- 乳豬肋排，特別醃製、特別肥美。
- 烤雞，熱騰騰新鮮上市，因為他們是紐約市最大的烤雞業者。
- 低價，提前預約雙人特餐，在那個時候只要不到十塊美金（事實上，現在也是這個價錢）。
- 冰涼的飲料，主打德州重量杯，每一杯足足有二十盎司。

你知道這其中的兩難之處。如果沒有策略，又怎麼知道哪一個創意才是正確的呢？我終於想出一個喜歡的好點子與措辭，只是擔心它不夠耀眼、不夠有創意。不過，我很中意這段廣告詞的清楚明白與定位明確，沒有亮點也就不足掛齒。這個點子的基調是從擁有的餐廳數量以及每家店的座位數來看，這家餐廳服務的客人比城市裡其他業者更多。隨之而來的口號則是：「達拉斯，紐約最受歡迎的燒烤餐廳。」

這個點子做到了一件事，那就是它不必從餐廳提供的這麼多好處裡面硬挑一個出來講（你是不是已經挑了肋排、飲料、價錢划算或烤雞來當作好點子的基礎？）。再者，從策略上來看，它告訴那些已經去用餐過的人，他們的選擇很明智，再怎麼說，那可是紐約最受歡迎的燒烤餐廳。而對那些還沒發現達拉斯的人而言，這個廣告也會讓他們覺得受歡迎代表有信用，值得登門造訪。

這段廣告詞「一鳴驚人」了嗎？若要宣布「最佳創意口號獎，得獎的是……」，答案會是它嗎？誰在乎！

好點子時間

你認為把焦點放在噗客的某一個優點或細節上，拿來當作好點子的基礎，會比較好嗎？或你覺得用一個包山包海的主題來訴說產品的使用經驗比較有用？你的噗客是不是具備某種令人驚豔的特性，顯然就該拿來當做廣告宣傳的主軸？或你是否應該在每一次的廣告或宣傳郵件中強調一個不同的特點？這些做法各有道理，你得自己做決定。

以達拉斯燒烤餐廳的案例來看，這個口號清楚、直接，搭配上餐廳獨特的標誌，能幫助他們將自己打造成一個真正的品牌，有別於紐約市的後起之秀。時代廣場是一個觀光客雲集的重要地點，但觀光客未必見得聽過達拉斯餐廳，這則廣告肯定可以讓他們在找地方吃飯時，把達拉斯納入考慮。而對已經在達拉斯用餐過的人來說，不管他們去的是不是時代廣場店，這個口號也確認了他們的選擇。

最後是一個清楚與機智兼備的案例。紐約的愛迪生電力公司（Con Edison）是我以前服務過的一家廣告公司的客戶。該客戶的廣告策略是要說服人們在晚上留一盞燈，避免宵小強盜入侵。廣告的主題「點亮一盞燈，小偷不上門」已經發展出來了（但這個廣告在今日來看，會被認為缺乏環保意識）。

我想出了一個可以用來做電視廣告的好點子，簡單明瞭，你一看就懂。但它聰明巧妙嗎？你來評評看。

為了拍攝我設計的電視廣告，製作商找到了兩棟一模一樣、相互比鄰的房屋。攝影機的位置固定在房子的正面，如此一來，廣告進行時，觀眾可以從相同的角度觀看這兩棟房屋。

夜幕低垂，兩棟房子都籠罩在陰影中，一片漆黑，隱隱有著一種不安的感覺，僅有一道光線從有電視的起居室透露出來。（美術指導跟我用了我們的姓名來稱呼廣告中這兩個家庭，這樣聽起來會非常真實。在電視上聽到自己的姓名著實有趣，如果是你也會這樣覺得）。

當旁白員開始說話時，觀眾會看到螢幕中上演的正是旁白員所描述的情節。

旁白：海曼先生與海曼太太關掉電視（旁白暫停——左側房屋內的房

間變昏暗了些），關了燈（旁白暫停——房間完全暗了下來），然後上床睡覺。克里瓦克西夫婦關掉電視（旁白暫停——右側房屋內的房間變昏暗了些），打開一盞燈（旁白暫停——房間亮了起來），然後上床睡覺（觀眾現在看著兩棟房子，一棟完全陷入黑暗中，另外一棟則仍然開著一盞燈，在黑暗中閃閃發亮）。

接著，旁白又起：樑上君子們，你想偷哪一家呢？點亮一盞燈，小偷不上門。

簡單、視覺化、有戲劇性，好一個既清楚又慧黠的好點子！

第8章 讓點子從A升級到A^{+}

就算你寫下來的想法沒有照著明確的順序安排，還是看得出來有些點子比較好。其他點子也許乍看之下並不特別出色，但你相信它們有潛力，而你的挑戰就是盡力把它們打造成一個好點子。擁有自己的生命是好點子的特徵之一，好點子的美妙之處也能因此顯現出來。

寫一篇短篇故事或一齣戲劇的情況與此若合符節。有些你不經意創造出來的人物開始主導整部戲，角色越來越吃重，你只能作壁上觀。這種情形也會發生在電視連續劇的演員身上，他們一開始只是一個小角色，拜化學作用、天分與運氣之賜，觀眾指定增加劇中某些人物的戲分，他們扮演的角色內涵也就因此放大。

好點子也是如此。不過，一個不錯或還算體面的點子常常不見得能發展成好點子。有些你一開始很喜歡的點子，可能只是因為它們看起來舒服熟悉的關係，而這正是你應該特別留心的地方。

要怎麼做才能把一個點子從A變成A+呢？你必須去戳動它、推擠它、翻攪它，從各種不同的角度去審視它，然後用獨特的方式把你的想法描寫出來，看看是否能從中找到令人意外的轉折，讓點子變得活靈活現。

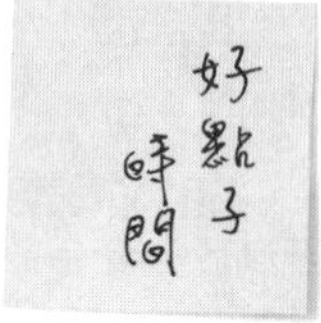

找一個你喜歡的廣告，競爭者的廣告也沒關係。試著去探究這個廣告到底什麼地方吸引你。改掉裡面的幾個用詞，一次改動一個，找出更清楚、精確的字眼，更貼切的同義字；理解標題所描述的策略為何，然後看看還有什麼方法能表達相同的概念，看這個方法能把你帶到什麼方向，即使遠離了原來的表述方式也沒有關係。

試驗不同的斷句去強化訊息的力道；把廣告中的圖像從上面移到下面或置放在一側；使用新的圖片；增加留白的空間；嘗試比較大的字型。這些變化有的只是機械性的改動，有的則能產生有別於原版的重大差異。當你完成時，希望你能得到一個更進步的行銷作品。

Naturally Fresh是東方食品公司（Eastern Foods）生產沙拉醬的部門，委任我的廣告公司為新的沙拉醬產品系列製作貿易廣告（貿易廣告的對象是將產品轉售給消費大眾的批發商或經銷商，而非一般消費者）。

過去的貿易廣告會把焦點放在某種「備貨、促銷、陳列」的形式上：這個商品因為價格太好或風味絕佳、或我們將砸下大量的廣告預算，所以會被掃購一空。因此，你應該在你的促銷傳單上主打這個商品，囤積足夠的數量以免供不應求，而且應該準備至少一整條走道的空間來陳列它。

兩個搭配產品顏色的產品名稱——兒童農場：超炫橙、活力紫——充分顯示了沙拉醬的訴求對象是兒童。我本來可以做一個還算不賴的標題：「介紹給您前所未見、色彩最為繽紛的兒童沙拉醬」，或是寫一些討喜的句子，像是「唯一比外包裝名稱更炫的是加在醬料中的維他命含量」。這樣的標題夠好，絕對可被接受，不會丟人。但它的好只能算低空飛過。

客戶的想法是要打破沙拉醬這個產品項目的規則，而我至少可以延伸貿易廣告的規則，做出一些東西。

我的做法是去面對超商老闆與生產經理常見的顧慮：小孩大鬧賣場、隨意碰觸商品、玩罐頭，東奔西跑引起喧嘩騷動，這些行為高居老闆與經理的不爽事件排行榜之首。廣告的標題與內文乾脆直接拿這種恐懼來玩。

美術指導是瓦修（Milton Vahue），他以每一種大瓶裝的沙拉醬做為廣告的特色，標題是這樣下的：「深得你心！更多小孩在你的走道上四處趴趴走。」（Just What You Need. More Kids Running Around Your Aisles.）廣告內文很快便接著向讀者拍胸脯保證，小孩會在他們的走道上奔走，要求媽咪幫他們買這些新出品的兒童沙拉醬。他們也會四處趴趴走，求媽媽買蘿蔔棒、芹菜、還有其他蔬菜，因為小孩覺得拿各式各樣的蔬菜沾滿這些五顏六色又美味可口的沙拉醬來吃非常好玩。廣告中也保證產品可提供大量的維他命且不含人工防腐劑。廣告內文的結尾是：「基本上，你不應該擔心小孩四處趴趴走，沒有小孩才是你要擔心的事。」

好點子時間

我不知道這個規則是從哪兒冒出來的，或是否真的有那麼神聖不可侵犯。不過，當你在寫廣告內文的時候，讓結尾能以某種方式回頭呼應標題會是一個好點子。一般來說，它就像故事或電影的結尾，把每件事情都串連起來。這個規則可以打破嗎？當然可以。不過我自己通常會設法遵守。

個案討論：北美藝術紙供應商Legion Paper

Legion Paper延攬世界各地最優秀的造紙業者，銷售各式各樣製造商生產的高品質印刷用紙。其中一條產品線Legion限量版（Legion Limited Edition Papers）是特別給藝術出版商與印刷廠使用的紙。藝術家使用這類保存期限很長而且不會劣化的案卷紙（archival papers），圖像的壽命可以因此延續更久，這會讓藝術家與購買複製品的人都很高興。

客戶想要拿這個點來廣告，所以我就做了一則廣告。

廣告的美術指導托梅（John Twomey）放了一張經典的獅身人面像特寫圖片，部分面容已經遭到歲月、氣候與環境的侵蝕。標題是：「如果最後看起來老舊破損，長生不老又有什麼好的呢？」廣告內文接著說：「多虧了比較長的天然纖維，使這些百分之百的純棉紙張更堅固、更持久，讓他們的作品能經得起時間的考驗。碳酸鈣緩衝劑可以用來中和紙漿中的酸性，並抵擋環境的汙染。」

我們決定寄一封廣告信給藝術海報的出版商與印刷廠，推銷這種質量兼備的優秀紙張。可是我們需要一些讓人眼睛一亮的東西。進一步思考後，我們想到了一個點子：隨信附上一顆制胃酸的藥錠，用來讓出版商知道，我們明白選擇印刷紙張是一個會讓人胃痛的困難決定，所以我們附上一顆制酸劑以示慰問之意。

這充其量只能說是個還不賴的點子。問題出在這個點子太一般了，任何人都可以拿來用在他們銷售的任何產品上。也就是說，隨便什麼人都可以在任何時候寄上一顆胃藥，表示選擇一個適當的「任何東西」困難到讓人胃痛。或者也可以寄上一顆阿斯匹靈，說艱難的決定會讓人頭痛不已。

把它變成一個好點子的是隨藥附上的廣告信中所寫的這段（刪節過的）文字。我已經把好點子的關鍵以標楷體標示出來：

「選擇完美的限量版印刷紙是個艱難的決定。這種紙張的印刷效果好嗎？真的可以永久保存嗎？會不會時間久了就劣化？無怪乎你的胃老是悶痛、緊張、想吐。放輕鬆，吃顆胃錠吧！這顆胃錠會告訴你，為什麼挑選限量版印刷紙也可以輕鬆簡單。你看，同樣的碳酸鈣成分，可以這麼有效地中和你的胃酸，也能讓我們的紙張經久耐用。加在紙張中的碳酸鈣緩衝劑能夠在表面形成保護，既能中和紙漿的酸性，也能抵擋環境的汙染。」

這封廣告郵件非常成功，客戶甚至決定在下次的商展中發送胃錠，向買主傳遞這個獨一無二的訊息。

胃錠的構想是「相關性震撼」（見第十章）的傑出典範，而在商展發送胃錠則是把點子「吃乾抹淨」（見第十二章）的絕佳範例。但重點是，你才是那個要確定某個構想只是還不賴或真的是個好點子的人。要不要讓點子變好也都全看你自己。

這裡有另外一個例子。紐約有一家好餐廳（好餐廳真的是這家餐廳的名字）。他們幫外賣部門命名時，雖然有很多不錯的名字可以選，不過他們選到了一個好點子：「帶走的好」（Good To Go）。

最後一個例子是：我所屬的人際網絡團體在一個小型商展上租了一個

攤位。我們想要邀請人們擔任一場會議的嘉賓，親自看看一個專營業務轉介的機構是什麼樣子。我們製作一個看板跟一些用來發送的卡片，在上面寫「成為會員，就像擁有了三十個業務員帶著你的名片推廣業務」，這是個還不錯的構想，但我扭曲了邀請函封面的文字，當眾承認我覺得外面的人肯定會有的懷疑，把它變成一個好點子：「跟三十個真心想要幫你打造事業的陌生人共進一頓免費早餐」（對呀！我們自己也不相信）。

誠如我說過的，還不錯的點子勝過完全沒有點子，它會克盡職責，也能得到一些注意。但想出一個好點子，就像在還不錯的點子面前裝了一支麥克風，不必多費力氣就能讓更多人聽到你的聲音。

第9章 惜字如金

你當然會想要像我在這一章的結尾那樣，把所有常見的注意事項或例外情況一一交代清楚，但有鑑於大多數人的注意力持續時間有限，使用冗長的標題或思考不會有什麼好處。

長篇大論偶爾可以幫助你從一片茫茫無際的短句標題中殺出重圍、異軍突起。除此之外，也有可能是因為你的想法很複雜，寥寥數語難以言盡的關係（但我還是會認為你的立論恐怕太複雜了，有簡化的必要）。

無論你以前聽過什麼說法，但長篇大論不見得比較好。誠如極簡主義建築大師凡德羅（Mies van der Rohe）的名言：「簡約即豐富」（Less is more）。

這個理論有一個很受歡迎的知名例子「電梯行銷」（Elevator Pitch），

大意是說你應該琢磨修飾你的行銷／推銷詞，使之言簡意賅、鏗鏘有力，理論上大約花一趟電梯的時間，便可以把你的噗客介紹給某個人。我並不喜歡這個比喻，原因很多：比方說，你是從哪一層樓開始搭電梯的呢？那棟建築物有多高呢？更重要的是，沒人會在電梯裡講話。

我知道你的推銷詞不會真的只用在搭電梯的時候（真抱歉！現在我還不能跟您談起我的噗客，因為我們現在還在大廳，等進到電梯裡再說唄！），但這是一個濃縮行銷資訊的有用技巧。

我個人喜歡這樣思考：把構思點子想像成製作一幅戶外看板，只給那些開車時速將近九十公里的駕駛看。甚至可以更有趣一點，假裝你的左右兩邊還有數個看板與你競爭，博得駕駛的注意。現在考驗來了：你用來傳達訊息的字眼最少可以減到剩幾個字，但還是能讓他人注意到你的點子？

這跟用字遣詞是否具有巧思無關，我假設你本來就會寫出亮眼的字句。但在所有條件都一樣的情況下，可以用較少的字眼傳達想法，同時又說得絲絲入扣、精闢獨到，不也是美事一樁？

我還喜歡另外一個跟看板測驗類似的挑戰，叫做旅行業務員

（traveling salesman）實驗。這個實驗假設你是個旅行業務員，去敲某個人家的門，主人應門後，你只有五秒鐘的時間可以引起對方注意。在對方當著你的面把門摔上以前，你認為自己可以說出幾個字？這可不是在開會或日常生活中，還能容許你閒談個幾句，你面對的是一個關鍵時刻（the moment of truth）。

你大概覺得你要說的東西如此有魅力又說服力十足，長一點的訊息也能獲得注意。也許你真的做得到。我確定有很高比例的人都相信自己的噗客產品跟推銷詞都有趣得不得了。不過，我們就像沃比岡湖（Lake Wobegon）小鎮的小孩⑱，不會真的全部都在平均水準以上，要考慮一個可能性，就是你的訊息內容也許還沒那麼能夠讓人花時間進入狀況。

相對於標題或口號，當你寫到廣告內文時，簡鍊就更加重要了。雖然這並不表示你的每一句話都要精簡到底，但你確實不該寫出不必要的字句，當然更不要多寫你的讀者沒興趣看的東西。你要做的是挑起讀者的好奇心，不是去滿足他們。如果你在廣告中把有關噗客的資訊鉅細靡遺地說出來，不但可能會因為太過囉唆而趣味盡失，也超過讀者在這個階段需要

⑱譯注：源自美國幽默小說家凱勒（Garrison Keillor）主持的廣播小說節目「大家來我家」（A Prairie Home Companion）中的一個單元，叫做「來自沃比岡湖小鎮的消息」。主持人虛構了一個在美國中西部的小鎮為其故鄉，每週報導故鄉發生的趣事。這個小鎮被形容為「女人都很強，男人都長得不錯，小孩都在平均水準之上」。後來「沃比岡湖效應」一詞，便用來比喻人類喜歡高估和他人相較下的成就或能力。

或想要知道的程度。記得保留一點在業務拜訪或後續行動的時候使用。

你不該把廣告頁面弄得太複雜或包裝太多資訊在其中，更要力抗誘惑，避免引經據典，只為了賣弄自己有多深入了解產品的一般知識與獨有特性。長篇大論不是沒有生存的空間，只不過，除非你是非常棒的寫手，否則很難寫出成功的文案。

廣告郵件通常要訴諸對方立即的反應與回覆，有時會甘冒大不韙，使用內容豐富的文案。奢侈品的廣告文案有時也可能寫得長，幫助人們為自己多花點錢的情緒性決定找到合理化的藉口。但一般來說，長篇大論的問題重重，因為人們就是沒有那麼多時間，或不想要全部讀完。

雖然大家都明白《獨立宣言》對美國人生活造成的影響，但你可能只背得出其中第一句或認得幾段開場白，可是我們很少有人對剩下的部分有概念，諸如《獨立宣言》列舉了哪些對國王統治的不滿與冤屈。

好點子時間

你是否注意到漢考克（John Hancock）保險公司在美國獨立日所做的「約翰．漢考克廣告」？那是一幅全版的《獨立宣言》複製品，上面沒有任何常見的廣告特徵，像是「本頁是由……所提供」。這是假設在《獨立宣言》底部諸多簽名者的正中央，漢考克的簽名便足以讓人們清楚這幅廣告是由何人贊助。我猜他們會隨報附贈或在學校發送《獨立宣言》的複製品廣告，充分發揮公關效益。但你的看法呢？你知道這個廣告嗎？他們是不是把內容做得太長了？如果是你的公司，你會這麼做嗎？你覺得你可以把廣告做到多麼隱約微妙，但仍然能發揮效果？

利用賀卡大作文章

每個人都會寄賀節卡片。有些驚豔絕倫，有些誇張可笑。就算是做得最好、最受到讚賞的卡片，在展示一小段期間之後也會遭到丟棄、為人遺忘。不相信？好吧！講講你今年收到的幾張卡片。如果講不出來，也不要覺得難過。大多數的人大概也想不起來去年奧斯卡的最佳演員得主是誰。然而，我們總是有機會可以多做一些，讓自己的卡片從一群凡夫俗子中脫穎而出。當然，在這同時還是必須尊重收信者對節慶的感受，但這是個挑戰，而非限制。

幾年前我的廣告公司寄出一波廣告郵件，想要招徠新的客戶。我們的做法很傳統，根據地區別、產業別、員工人數與公司成立時間，購買了一份郵件清單。接著，我們間隔幾個禮拜寄出兩封郵件，以洋洋灑灑的散文詳述波特廣告公司的優點是什麼、我們是何方神聖、還有他們為什麼要在乎這封信。我們打電話進行後續追蹤，做盡了「對的事情」。結果……什麼都沒有！

我們不抱希望，感到沮喪消沉了嗎？當然了。再怎麼說，我們的工作就是要引起人們的注意，我們可是身在一個需要巧思智慧的行業中呢！不過，我決定再試一次。當時又逢假期來臨，我寄出一些特大號的明信片，上面只有斗大的幾個字：

「值此佳節，我們認為理當讓您知道，我們同時也會寄賀卡給您的競爭對手。」

這個賀詞讓人嚇一跳嗎？毫無疑問。但這也是個有相關性、出乎意料、有點突然、而且有效的訊息。我們接到其中一位收信者的來電，他的公司最後聘請了我們。結果他對我們以前寄的廣告郵件並沒有任何印象，因為事後看來，那些廣告郵件絕對、非常、有夠、實在是很不起眼。

這當然不屬於短句標題的案例，可是我在建議你要惜字如金的時候，不僅僅、也不必然只適用於標題。雖然這個案例的標題長達三十個字，但它是版面上唯一的文字，周圍留有大片空白，非常容易閱讀，也一如我們的期望，很能挑起他人的興趣。

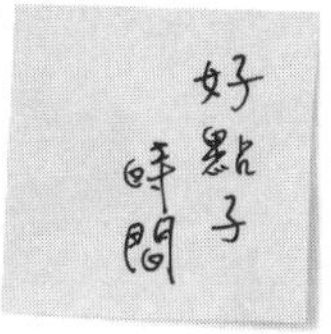

你會寄廣告郵件給客戶嗎？當然會了。你最少也會寄給他們帳單、價目表、新聞稿、有關公司或產品的訊息，或重印的廣告單吧？反正都要跟客戶接觸，何不利用機會做些出人意表的事情？不必把好點子省下來只用在你認為的大案子上。好點子指的不是寄明信片或節日賀卡這個舉動，那只是機制罷了，好點子指的是其中的訊息。所以，儘管你可能會採用不同的顏色、尺寸或形狀讓自己脫穎而出，但實質的訊息——你的點子——才是更重要的。

個案討論：典範視訊會議系統

總部在紐約的微特爾電信公司（WinTel Communication Corporation）提供通訊相關產品與服務。他們安裝設備、管理、維護、出帳，一般來說能讓電話系統運作的大小事都做就對了。

我們的專案是要為這家公司新的網路化視訊會議設備打造品牌識別，如口號、標誌、產品銷售傳單、商業名片、新聞稿、一套DVD、銷售簡報（sales kit）、商展攤位。

這套設備擁有絕佳的解析度，而且是可攜式的，你可以真的從遠端遙控放大位在房間一角的銅板，讀到上面的日期。這套設備不必使用專屬的視訊會議室，所以透過寬頻上網、電話與電腦，在世界各地都可以進行溝通。除此之外，它還擁有許多特殊的軟體功能：可在會議中嵌入桌上型電腦應用程式，如PowerPoint；可建立一套商用檔案櫃，讓使用者可使用以前儲存的歷史檔案與影片；與會者可以儲存、建立與轉寄電子郵件，同時也能擷取從畫面上看到的任何東西，像是表格、圖形與展示品，以便稍後使用。我們把這套設備命名為焦點視訊會議系統（Focus Video Conferencing System）。

創意發想過程的另外一件要事就是：潛伏暗處、蠢蠢欲動的截止期限。該公司已經同意在一個大型商展中承租攤位，展覽幾個月後就要舉行了。所以，在討論的第一天，我們面對那再熟悉不過的白紙一張，還伴隨著一個既定而且很快就要到來的截止日，從創作、執行到生產，所有他們要求的元素都要全員到齊。若是失敗，那攤位上的招牌就只能寫上：「僅此致意」四個大字了。

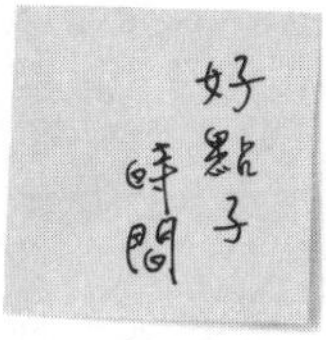

當你面臨截止期限時——你總是會碰到的——花些時間想想，如果事情不如你所希望的順利進行時，有什麼其他的替代方案，因為事情就是會不如預期。七月會下大雪、班機會取消、宣傳手冊會印不好、會突然出現攻擊事件、規格會改變，或諸如此類的事通通發生。

如果你要刊登廣告，找業務代表或直接跟發行人談談，問出交稿的真正期限，通常他們會給你相當可觀的延長時間，因為原來的日期是他們為了安全起見訂下的，可不是為了你的方便。此外，就像出版商總是不會直截了當告訴你他們真正的截稿日期，也許你在必要的時候，也不要對你的供應方和盤托出你的到期日，好讓你的時程有些緩衝時間（這種事情做多了會害你失去信用，所以要省著在特殊情況下才用）。

最後用於焦點視訊會議系統的口號是：「好過身歷其境！」（It's Better Than Being There.）只有六個字，絕對夠短的了。我喜歡這個好點子，是因為它所富含的意義層次。這些豐富的意義在一開始能彰顯多少出來並不打緊，因為我們可以在廣告、宣傳手冊或其他的行銷溝通中，親自或透過視訊去解釋這句話的涵義。

「好過身歷其境！」的一層意義是商業人士可以免去旅行的奔波、費用以及機場大排長龍的安檢線，光從這層意義來看便已合情合理。但這句話還有著其他與系統功能有關的意義。你親自參加一場會議，席間需要參考某個儲存或安裝在電腦裡的檔案，但你卻沒有帶在身上，真是太糟了。

有了焦點，你可以在自己的電腦上擷取所需資訊，分享給與會成員，他們也可以把資訊存在自己的設備裡。無論你在什麼國家或哪間旅館，也不用那麼麻煩去找專用的視訊會議室，只要一具電話以及寬頻網路就夠了。

這引導我想出另一個「五字箴言」的好點子。有鑒於焦點系統的特殊功能及目標對象（顯然是商業人士，一般消費者不需要這麼高的解析度、價位以及焦點所能提供的服務內容），我發展出一個新的產品類別，令人自傲的是，焦點是第一個也是唯一的產品。這個產品類別就是「最佳化商用視訊會議系統」（Business Optimized Video Conferencing），其中的關鍵詞就是「最佳化商用」。一套專為商業人士設計與開發的視訊會議系統終於問世了，這可不是為了要跟遠方的家人或在外求學的學生視訊聊天而設計的。

只要五個字，一個嶄新的視訊會議產品於焉產生！

現在你已經信服了「簡約即豐富」的觀念，打算檢查已經發展出來的所有構想，使之去蕪存菁。這個觀念一般來說是對的，但你的方向要放在文字的清晰度上，不見得總是要在字數上斤斤計較。

摩根大通銀行（JPMorgan Chase），不管這家銀行現在叫啥名字，曾經用過一句口號：「你的選擇，你的追求（大通）」（Your choice. Your Chase）。八個字。他們應該多用點字，因為我實在搞不懂他們想要說什麼。有時候我覺得我好像有點兒懂了，但這意義還未成形旋即消散於空中。曾有一度，我以為「你的選擇」指的是他們明白你也可以跟其他金融機構往來，可是後面加上一句「你的追求（大通）」，似乎又是在說他們現在就是跟你往來的銀行了，但其實還不是。在現實生活中的人們，有誰要花費那麼多時間來破解這句口號呢？

所以，我們學到的真正教訓是：標題、口號或本文的長度，都應該適得其所，多一字不可。

第10章 有關，才有震撼

人喜歡驚奇，此事不足為奇。好吧！也許人們喜歡的只是驚喜，但不管是驚喜或驚嚇，裡面總是有某些令人震撼的成分，會引起大家的注意。

使用圖像或結合文字的圖像很容易引起注意。若你的目的是引人側目，只要做出一些十分驚世駭俗的東西就夠了。要不要試試看在版面正中央，用與版面其他地方對比的強烈顏色，大筆寫上一句非常刺眼的髒話？你想好那句髒話了嗎？來吧！寫上去。感覺很屌嗎？很好！

這裡有個你已經可以預料到的問題。雖然這麼做證明了能輕易引起某人的注意，但對你到底有什麼好處？如果這跟你想要達到的目的毫無關聯，人們讀不讀你的標題又有什麼關係？這世界上顯然只有一部分的人會對你的噗客有興趣，因此，去吸引那些毫不需要噗客的人注意，對你的銷售成績不會帶來多大益處。

你要的是讓訊息接觸到那些可能會使用你的產品與服務的群眾，而不是群眾量的多寡。某個光頭先生因為注意到你的髮梳廣告而駐足欣賞，不會帶給你太多好處；而除非你賣的是全版大辭典，否則一句非常刺激的粗話也不會真的有助於你的事業。讓人們去看你的訊息並非難事，但這個訊息若與你銷售的東西毫無關聯，讀者閃人的速度會比來的時候更快。

你在落實一個點子的時候，驚奇是你起碼可以放進去的一個元素，以期引人注目。你想要做到出人意表、獨一無二，而且匠心獨具。只不過你得明白，這場仗只打了一半而已。同樣重要的是，你必須結合震撼與相關性。從你要引人注意的驚奇到你的產品與產品效益之間，必須有個「關聯性」自然隨之而來才行。

我用聖誕老公公來舉例說明。如果你在十二月看到一個紅衣白鬍的聖誕老公公，這跟當時的季節相關，但不特別令人驚奇。又如果你在盛夏的沙灘上看到一個穿著典型服裝的聖誕老公公，雖然很震撼，但缺乏相關性，跟什麼事都扯不上關係。理想上，你的訊息必須結合驚奇的成分，讓作品受人注目，而且要有相關性，建立起驚奇與訊息之間的關聯。

試著替你的標題找到一個有刺激效果的想法，與你的噗客、產品類別以及你的群眾有關。避免小心翼翼、眼熟、死氣沉沉的字眼。不幸的是，後者很容易被構想出來，同樣不幸的是，它們也很容易被忽略掉。如果你覺得似曾相識，那你肯定看過。

謹記在心，媒介並不會影響你找到「相關性震撼」的難易度。最近，我在某個男性友人家中，就在他的馬桶前、面對著我的一堵牆上，看到一個線上遊戲網站的廣告，上頭的標題寫著：「別再跟自己玩了！」（Stop Playing With Yourself.）考慮到我所在的位置以及我當時正在做的事情，那是一個有關且令人震撼的想法。這則廣告若不是要說服我加入某個線上團體，那它就不具有相關性，不過是句讓人感到冒犯的警語罷了。但在那個環境下，它相當有效果。無論是哪位仁兄發明了這句話，我可不認為他會說：「何必苦思一個好點子，到浴室裡找就有了。」

好點子時間

如果你沒有幽默感，快去培養。在大多數情況下，能夠被人記得、成為美國文化的一部分、擁有較長壽命的溝通訊息，都有著不落俗套的幽默感在其中。你不必做到哄堂大笑，一個微笑、輕笑、點頭稱是便已達到效果。不可否認，幽默要比美感來得更加主觀，但它經常是你植入訊息的好幫手。更何況人們在列舉擇偶條件的時候，幽默感總是高居前三名。雖然戲劇性、邏輯、同理心與感性也能發揮很好的效果，尤其是用在金融商品、奢侈品或內文很長的直效行銷郵件上，但它往往比較難有說服力。

幽默之所以經常在廣告或行銷中奏效，是因為能從不同的角度看事情，它大部分靠的也就是這個方法。一段說明、一句妙語或一個並列對比，如此出乎意料，但就這麼自然而然從中出現。聽起來很像你的行銷溝通應該做到的事，不是嗎？

與相關性震撼對立的做法是「模仿趣味」（borrowed interest）。我說到這個概念，就像講到響尾蛇般唯恐避之不及。基本上，模仿趣味就是嘗試拿一段已經內含一些情節的劇情，跟你的噗客連結起來，不管這個連結有多麼不合邏輯。有時候，這種做法會變成「就像……，你也……」那一派的廣告（就像太空人在太空中可以跳到三百英尺高一樣，穿上這些運動鞋，你也可以跳得更高）。

說來慚愧，我也做過這種事，我唯一的藉口就是當時我還年輕，想要利用出公差到佛羅里達一趟。我們去拍了一系列有關汽油的商業廣告，主題圍繞在一套省油的小妙方上。這個特定橋段會從一個身穿比基尼的漂亮女孩開始，她拿著一顆海灘球，把球丟給代言人，代言人會說一些像是「這顆海灘球能告訴你如何節省汽油」之類的話。

代言人擠壓它，顯示那顆球並沒有充飽氣，用來比喻：就像這顆氣不足的海灘球無法彈跳一樣，你的輪胎如果沒有適當充飽氣，也會燃燒更多的汽油。這個比喻其實是正確的，不過，我們並不真的需要一個穿著比基尼的女孩來強調這點。這是一個模仿趣味的絕佳範例。雖然我跟其他很多人一樣，從未對此有所抱怨，但除非你能拿到一趟免費的佛羅里達之旅，又能跟穿著清涼泳裝的可人兒共進午餐，否則還是請盡量堅持做到相關性震撼。

個案討論：富及第洗衣機

富及第洗衣機曾經有過一個與眾不同的賣點：「可深層洗淨的洗衣軸」。產品的訴求是這個深層洗衣軸能以輕柔的攪拌讓衣服真正能深層洗淨。我的挑戰就是要證明這一點。在正常的情況下，我們會朝某種實地示範的方向去做。但我並不想要做一個典型的並排示範，做出來的結果通常就是一疊看起來比競爭對手更加「深層潔淨」的衣服；然而，我確實想要展示這個不尋常的洗衣軸是多麼有效。以下是我想出來的點子，它不辱使命，受到客戶認可，也在電視上播出了。

廣告一開始是一個小男孩、一張板凳，還有一台乾淨、塑膠製的全尺寸洗衣機模型。這台模型是透明的，這樣我們才能在廣告進行中實際看到洗衣軸的動作。此外，鏡頭裡還放著小男孩的高側邊手工木製貨車，在車廂的一側有著小男孩的手寫筆跡：「富及第深層洗淨洗衣軸示範」。

當旁白的聲音響起，這個小孩子從貨車中拿起一個金屬容器，然後將白色液體倒入洗衣機。洗衣機接著啟動，所以我們可以看到洗衣軸製造出動力水流。小男孩接著拿起一個玻璃罐倒入巧克力色的液體，而最後（這怎麼可能？）出現了幾勺香草冰淇淋。

小男孩在動作的同時，我們會適時使用特寫鏡頭，旁白員則在一旁說：「富及第射流洗衣機的深層洗淨洗衣軸示範。洗衣軸會像這樣以動力水流輕柔地深層洗淨衣物……」就在這個時候，特寫鏡頭從洗衣機的內容物與動力水流挪開，拍攝坐在一旁的小男孩，這時他正坐在板凳上，用一支長長的大吸管拚命喝洗衣機裡的東西。旁白接著說：「而且還能做出超棒的奶昔。」

接著，就在我們聽到小男孩喝完奶昔發出吸管吸空的音效時，鏡頭便切到產品的口號與標誌上。

這可以做為好點子的範例嗎？畢竟廣告裡看不到一件乾淨的衣服，而這不是我們想要證明的事嗎？

不過，廣告清楚地示範了深層攪拌與輕柔的動作，也某種程度表現出製造商對於產品的自信。這個廣告多看幾次，就算不再對結尾的高潮感到訝異，也還是會感到愉快，於我而言絕對是如此。

它當然有相關性而且令人感到驚喜，是個實實在在的好點子。

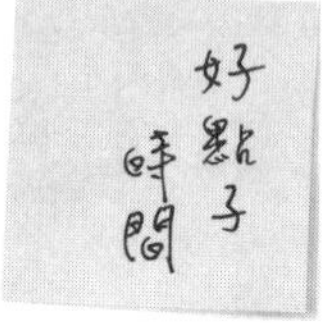

考慮展示噗客的獨特點、進步點或改良點，用來當做好點子的基礎。你可以拿「新」噗客（最新改良版）跟「舊」噗客或競爭者的產品來比較，但要避免落入俗套，像並排比較的做法通常就不夠別出心裁。如果你的噗客現在可以比較快、比較簡單、比較經濟、噪音較少、具備以往所沒有的功能，不要這麼直截了當地告訴顧客，如果可以的話，示範給觀眾看。如果無法示範，也許你要另外想一個更好的好點子。

個案討論：美國仲裁協會

恰如其名，美國仲裁協會「提供服務給想要在法庭外解決衝突的個人或組織」。大多數人認為它提供的是法定仲裁或包括調停斡旋在內的其他糾紛解決方法。

當我接手他們的業務後，很快就發現裡面的人都非常嚴肅看待自己的職責，與這家處理重要法律問題的機構十分相襯，但這不表示他們都是一些冷漠、不友善、缺乏幽默感的人。

從簡報會議中，我得知他們認為自己是法庭訴訟與審判制度之外的另一個選項，而法庭審判基本上是一種對抗，人們在其中得爭個你死我活，並且彼此樹敵。

我提出許多好點子。對我而言，其中只有一個點子真的很耀眼。很幸運，也多少讓我感到訝異的是客戶同意那個好點子。或許是因為，一個好點子即使隱身在一大堆普通點子之中，大多數的人就是有能力一眼相中。

協會並不認為讓對手變成敵人是一件好事，也沒有必要，他們相信你可以解決問題，而又能保護——而非傷害——你的業務關係。這個想法刺激我想出了我的好點子，我雖然還沒動用到聖經十誡，但仍請出了另外一個權威人物：母親。

一個長型寬版的黑邊灰底橫幅落在廣告頁中央接近上方之處，裡面是一組引述的話：「不要吵架」、「要公平」、「把事情處理好」、「聽對方說話」。

在引述的方框下方是標題，用來解釋上面那些規則與態度的來源：「不要忘記媽媽的叮嚀」（Don't Forget What Your Mother Always Told You.）。

位於引述旁邊的廣告本文，則說明美國仲裁協會的另類爭端解決程序，其背後秉持的理念其實是為人處事的基本常識，發生爭執的當事人並沒有必要成為敵人，並說明比起傳統訴訟，他們的做法有哪些優點云云。所有這些，都是遵照媽媽給小孩子的諄諄教誨，其中也包括了長大以後變成律師的孩子。

你可以想像，像這樣的一幅廣告刊登在沉悶的刊物諸如《美國律師》（*American Lawyer*）或其他法律專業雜誌上，會有多麼不同凡響。它的設計中規中矩，外觀穩重肅穆，很適合雜誌的讀者群，但它也毫無疑問會讓人感到意外。

我記得曾經聽過一個文案作家說，當他接到一份工作後，會把該產品類型中每一個想得到的俗套都寫下來。如果任務是要做一個狗食廣告，他會在清單上寫下狗狗、狗食碗、微笑的小孩、滿面春風的媽媽。然後，他會用盡吃奶的力氣把這些俗套通通趕出他的廣告，盡可能讓他的作品有別於制式做法。就算他可能從來沒有完全成功過，比起那些一頭栽進陳腔濫調的人來說，他起碼有比較好的機會可以想到一個好點子（但請勿輕易嘗試此法，他是個受過訓練的專家，並非純為了與眾不同而去列這種清單，所以你也無須如此）。

不過，我必須承認要令人驚訝變得越來越難了。你在電影、網路電視、有線電視以及最受矚目的網路世界所看到的影像，幾乎扼殺了人們主動想像的需要。然而，不論是廣告、招牌或宣傳手冊，你的作品若是不受人注意、呆板、一如預期或無趣，就不會成功了，而它若只是為了引發震撼而做得挑逗煽動，也同樣不會有效果。

第11章 尋找合適的聲音

每一個人都有自己的聲音，由一個人說話的速度、腔調、音高、音質、字彙以及抑揚頓挫組合而成，形成了個人特有的語氣與獨特的聲調。

你的溝通也是如此。你想要構想一個好點子，讓你的噗客看起來獨特出眾，使人垂涎。那麼，你的口氣就必須反映出你建立的身分識別。我所謂「口氣」，指的不只是你的iPod或電視上傳出來的聲音，形諸筆墨的文字也會有自己的口氣。你需要做的就是在構思每一則訊息時，捕捉到你的噗客獨一無二的口氣。

讓我來進一步解釋我的意思：請以伍迪艾倫（Woody Allen）、克林伊斯威特（Clint Eastwood）或琥碧戈柏（Whoopi Goldberg）的風格，大聲朗讀以下這段文字：

舞台熟食店的早餐可非等閒之輩，它的食物分量之大，沒有幫手、單槍匹馬可是解決不了。熟食煎蛋捲裡面塞滿了醃牛肉、煙燻牛肉或沙拉米香腸，得用上兩個人才能把盤子抬起來。燻魚拼盤可以讓您自由選擇喜愛的組合，有輕度鹽漬鮭魚、煙燻鮭魚排、白鮭、烤鮭魚以及鱘魚。它的舞台起司薄餅捲是城裡做得最好的，還附上酸奶油與果醬。我們的早餐全天候供應，從黎明破曉到夜幕低垂。如果您不想來餐廳，我們也有熱心的外送服務員從早上七點到半夜十二點為您服務。請盡情享受舞台熟食店的早餐，尤其是您當天不打算吃其他東西的話。

不順，對不對？沒道理，聽起來就是不對勁。

現在，用音樂劇《紅男綠女》（*Guys and Dolls*）⑲或它的原作者魯尼恩（Damon Runyon）所寫的任何一篇故事中的角色，或是用很老派的紐約硬漢的口氣，重新朗讀相同的段落。

⑲譯注：改編自媒體人暨作家魯尼恩（Damon Runyon）的兩篇短篇小說《The Idyll of Miss Sarah Brown》及《Blood Pressure》。魯尼恩的短篇小說主要以禁酒時代崛起的百老匯為背景，描述其中的男男女女。

好多了，是吧？那是因為這段文字就是用這種口氣寫的，雖說它充其量只是遠遜於魯尼恩先生的模仿之作，但口氣適合文字要傳達的訊息。你很有可能從來沒有給你的噗客一個特定的口氣；也或許你有過，但因為你試驗過太多個策略，又頻繁地更換方向，所以早已失去了原來的身分識別。然而，你真的需要找到自己的聲音，一旦找到了，可千萬不要放手。

個案討論：舞台熟食餐廳

你剛剛朗讀的那段早餐文案，來自我替紐約舞台熟食店製作的看板。這家餐廳自從一九三七年開張以來，便成為百老滙的聚會場所，以超多餡料的三明治、興高采烈的名人最愛聚集之處、還有壞脾氣的侍者聞名遐邇。時至今日，它依然不分日夜擠滿了百老滙明星，或坐著用餐，或排隊等著入內。

為了陳述論點，你讀到的這段短文，風格要比原來貼在窗戶上的招牌寫得更為誇張一些。但你可由此看出，無論寫什麼字句，賦予文字一個適當的口氣有多麼重要，它能讓你的內容更有特色、更加適得其所、更具有說服力。

我們替舞台熟食店製作的看板，對它維持自己特有的口氣而言非常重要。餐廳的長型櫥窗直接面對第七大道橫展開來，是價值不菲的地產，更是適時傳達適當訊息的絕佳機會。只要使用得宜，它能創造出一種「我就要進去傳說中的紐約熟食店，用餐的經驗一定無與倫比」的感覺。

就跟你一樣，我們替舞台熟食店做的行銷，除了創意之外，一定總是有個策略在背後指導，但也總是會以餐廳的個性與名聲來篩選策略的表現方式。那麼，餐廳的名聲是什麼呢？脾氣差但娛樂效果十足的侍者、以名人命名的超大分量三明治，還有，並不特別便宜的價格。

最後一項定價是比較重要的策略議題。你要如何說服觀光客，舞台熟食店的一個三明治要賣到十四、五塊美金或更貴的價格呢？就我所知，在那些觀光客的家鄉，這筆錢可以讓四個人飽餐一頓了。如果我們的策略是說服度假的人，即使看起來比較貴，但他們在舞台熟食店的消費物超所值，那麼，訊息的表達方式就必須適合這家餐廳的「口氣」。我們用下面這四個範例做到這一點，美術指導是瓦修。

我們把一個舞台三層三明治的特寫塞進平面廣告裡，三明治的醃牛肉、煙燻牛肉、涼拌捲心菜與起司多得快要爆開。這張照片從上到下塞滿了廣告的左半邊空間，而在三明治的右邊則以大型的字體寫上標題：「沒有人會回家誇耀他們吃了一盤不錯的沙拉。」

廣告裡沒有其他內文。我們認為這個訊息很容易理解，就是說顧客大可去一些普通餐廳吃分量普通的一般食物，也可以享有一個度假中絕無僅有的用餐經驗，讓他們從紐約回到家後還能念念不忘、聊個沒完。

另外一個廣告，正中央是一張夾心的肉與起司滿溢出來的超大三層三明治照片。同樣地，廣告的訊息簡短扼要、舞台感十足，直截了當地提到三明治的重量：「舉起三明治的時候，記得要彎膝蓋。」

另外還有一個櫥窗招牌，簡單地說：「如果你要在舞台熟食店用餐，建議您最好取消晚餐預約。」

最後一個廣告，我模擬了一個大胃王比賽。這種比賽是要比誰能吃下最多的食物，像是熱狗或披薩之類的。我們的版本是一張令人垂涎三尺的巨幅照片，裡面有一個超大的三層三明治，上方的標題寫著：「舞台熟食店大胃王比賽，贏家是高艾文先生。」高潮就在這個巨大無比的三明治下方：「他真的吃完一整個！」

這些廣告有什麼共通點？它們全都以相同的策略出發（價值——看看你的錢花到哪裡去——策略），而且全都以一種純粹舞台感的聲調、態度與口氣來表現。一如下一章所要討論的，它們全都有多重生命：廣告變成了櫥窗招牌，櫥窗招牌變成了廣告，兩者都是新聞稿會使用的材料，而且全都登上了網站。

如果你的噗客口氣不怎麼特別，不要擔心，只要它夠清楚，而且與你的構想一致就好了。簡單勝過複雜，清楚優於混淆難懂。又如果你的構想無助於發展出一個真的非常與眾不同的聲音，那就不要勉強，只要確定口氣能配合訊息內容以及接收的對象即可。若你賣的是高科技產品，那就用一個適合高科技產品的口氣。

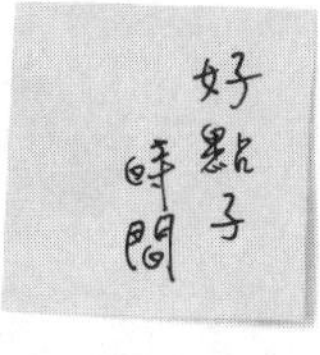

來個好玩的實驗。如果你的噗客是一個人，那會是誰？電影明星怎麼樣呢？你的噗客最像哪個演員？男生或女生？動作英雄或知性明星？美國人或外國人？年輕的？老的？當你仔細想過而且有了答案以後，會對噗客的「口氣」比較有概念一些。你會比較了解它的特徵、脾氣、態度，最重要的是，它的個性。這就是所謂的品牌識別：產品的個性，它獨一無二、與眾不同、極具辨識度。

多年以前我替來自漢姆斯（Hamms）公司的柏基（Burgie）啤酒製作一則廣告。柏基啤酒在加州釀製，訴求的就是加州原產的啤酒，而這個任務是要透過廣告將柏基啤酒引進芝加哥市場。我的構想是在某些有趣的生活型態上，展現出加州人與芝加哥人之間驚人的相似性。有一支廣告是拍攝兩邊的人在各自的水域玩風浪板，雖然一個是在海上，另一個是在湖上，但同樣很享受這個活力十足的運動。將此一概念化成文字的口號是：「如果你過著我們的生活，也會愛上我們的啤酒。」

美術指導克里瓦克西（Ray Krivacsy）跟我到芝加哥及加州拍攝廣

告。創意總監則在我們物色人選與勘景之後加入我們。老闆一現身便告訴我們他改掉廣告一開始出現的文案，客戶也已經同意這個改動了。當老闆告訴我們他改了什麼以後，我感到惱怒不已，因為顯然他是對的。

他把廣告鏡頭一開始的文案刪除，用一句簡單的歌詞取代，隨著風浪板的動作而齊聲唱出：「柏基，加州原產，加州啤酒。」（Burgie, original California, California beer.）聽起來很棒，而且不可思議地非常適合這個廣告與年輕的目標族群。我寫出來的文字有邏輯、理性，而且恐怕說服意味太強了，一般而言就是不適合啤酒這個產品類別，對這則以生活型態為感性訴求的廣告來說，口氣也不對。

比起我的成功經驗，想來你大概很熱切、甚至更樂意從我犯下的錯誤中學習教訓。以下是另外一個我用錯口氣的案子。

我隸屬的猶太教堂要舉辦一個募款活動，我參加的是宣傳委員會。他們將這場活動命名為「為未來募款」，專案的主題也設定好了，目標是要籌足擴充改建教堂大殿的款項，因為會眾可以使用的空間越來越不足，座位也變得侷促狹小。

我的任務是要構想出寄給教堂會眾的募款郵件。雖然我如往常一樣遵循「相關性震撼」的道理，但當我把點子拿給委員會以及祭司看的時候，我可以看得出來，他們眼中「震撼」的成分遠遠多過「相關性」。

我提出來的構想中，前面幾個很平常：「有你的幫忙，我們才能禱告」或「小廟越來越容不下各位了」。接著演變成：「你知道他們老是說：『只要你能付出，付出多少不是問題』。不過，這次的付出很重要。」還有：「你無法花錢買上天堂的路，不過我們很樂意為您美言幾句。」後面這個就更不敬了：「一個全新擴建、更加寬敞的教堂？上帝回應我們的禱告了。」最後一根壓倒駱駝的創意稻草是：「我們的空間很快就要用完，十誡現在只能放得下八誡。」

雖然我知道這些點子可能太過火，但我想它們可以用來做出比較安全的版本，又能激發出一些火花，從很俗套的募款文宣中脫穎而出。門兒都沒有。對一個宗教機構而言，我使用的口氣太不莊重了，尤其是我們要仰賴這些訊息讓年長也比較保守的會眾掏出錢包的話。事後看來，我很慶幸自己沒有在簡報的時候被海K一頓。

口氣不一定要真的表現在你所寫的字句中，它也可以建立在你的論述裡。你的點子或構想必須與你本人或顧客眼中的你一致，這也是為什麼策略如此重要的原因。你能想像麥當勞的訴求是「昂貴，但值得」嗎？你在說了一聲「啥？」以後，大概就直接改道往漢堡王去了。切莫讓你的「口氣」跟你的策略、你的點子、產品的實際形象及特徵脫鉤了。

第12章 把好點子「吃乾抹淨」

恭喜老爺，賀喜夫人。你生出一個好點子。你喜歡它，開發它，而且真的用了它。當然，我完全不知道你的點子是什麼或拿來做什麼用，但至少我有信心你真的想出一個好點子。除非你是因為對這一章的標題很感興趣，而跳過前面的章節。若是如此，回頭是岸！

你有了好點子在手，內心驕傲不已。現在你知道自己做得到，所以急切地想要再去找另一個好點子。且慢！先別這麼做，因為你還可以拿最初的那個好點子做好多事情，你該去追求好點子的額外用途，這樣才能讓過去所有的辛苦與努力值回票價。為了讓點子的價值提升，希望你每想到一個點子，都要開始思考它的多種用途。

我所謂吃乾抹淨的意思是這樣：幾十萬年以前，當人類肚子餓的時候，會去宰殺一隻動物，把牠放在火上烤，吃掉牠，填飽肚子。但這只是口腹之欲的部分。接著，他會剝了動物的皮，做成外套保護身體，做成毯子用來取暖。然後會把動物的角製成武器，把骨頭磨成粉當成藥材，把肌腱拿來當成繩子用。許許多多難以下嚥的部分都會有各式各樣的用途。重點就是要物盡其用，絲毫不浪費。我很確定，那些聰明的傢伙甚至會去想出更多其他方法，把這頭野獸利用到屍骨無存的地步（雖然我個人並不想知道眼球拿來做什麼用）。

既然你也是個聰明的傢伙，自然會對你的點子如法泡製。你雖然不必當成正式的專案來做，但總是應該思考你的點子還能有什麼用途，檢視你發展出來的材料可以使用在其他什麼地方，以便獲得更大的行銷效應與成本節省效果。每多一項用途，你之前構思點子的代價就越低。把點子想像成你剛剛捕獲宰殺的長毛象，征服這個生物已經夠困難了，你絕對一丁點都不想浪費掉。

這對你來說也許是很基本的事情，你本來就會把點子用到吃乾抹淨的地步，只是你從來沒有用同樣的詞彙來表達這件事情。不過，最近我碰到一些很聰明的生意人，卻完全忽視這個好處，沒能把他們有幸得到的公關宣傳效果發揮得更好。

其中有一位女士很驕傲地展示她的新聞宣傳冊給我看，內容非常棒，她的工作成績廣泛地在產業專門刊物、一般性刊物以及相關的貿易刊物上報導、引用或刊出照片。當我問她這些報導文章會拿來做什麼用時，她指了指那本黑色封皮、令人印象深刻的新聞宣傳冊說：「我總是會很快地把文章納入這本冊子中。」

「然後呢？」我追問。「然後？」她重複了我的話。

「沒錯！何不放大一份影本，加框後掛在妳的牆上？妳有寄一份影本給妳的現有客戶與潛在客戶嗎？妳的網站上是否有一頁專門用來介紹這些了不起的公關宣傳成績？妳有……」

她是聰明人，馬上就明白我的意思。她承認這些事她都沒做，並不是因為她太忙或沒有一個人來幫她的關係，而是因為她壓根兒就沒想到有這些事可做。

假設你剛剛登出你的第一個廣告。幹得好！可是不要光坐在那兒，用崇拜的眼光盯著廣告看，滿心狐疑電話為什麼還不響。與其等待，何不看看是否可以跟雜誌社要到重印本。如果出版社同意的話，自己去複製幾份起來，但要確定把日期刪去，塗白或用什麼方法皆可，因為沒有什麼比舊新聞更讓人覺得過時的了。東西很快就會變得老舊，所以你要馬上做以下幾件事情：

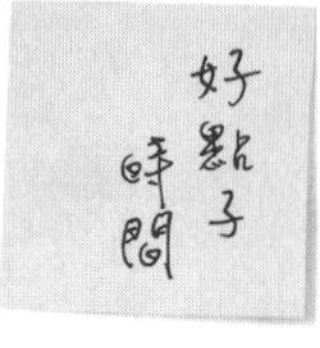

- 將複製本護貝起來，這樣紙張才能永保新鮮，不會泛黃。
- 將複製本寄給你現在的客戶。
- 將複製本寄給你的潛在客戶。
- 將複製本寄給你的媽媽。（這一點千萬要相信我）
- 將複製本陳列在你的櫥窗、牆上、桌上，或通通都放。必要的時候可加框。
- 將複製本連同一些公關物品寄給當地的媒體。
- 放在你的網站上。

就拿一些不是很昂貴的廣告傳單來說吧！你會需要印製傳單，可是，應該印幾份呢？大概要比你所想的數字多一倍，因為你不會只是拿來郵寄或用在你規畫的主要用途上，它們也可以在你的營業場所附近發送，寄給當地的刊物跟現有的客戶。

當然，這要視你做出來的東西而定，但重點是你總是應該多印一些，因為多印的成本低廉，印製一千本四色印刷的宣傳冊，每本的成本也許要三塊美金，一旦付梓之後，下一個一千本可能只需要一塊美金。到了這個時候，你就真的只是在付紙張跟墨水的錢，而不是創意發想、文案撰寫、藝術指導或印刷前置準備的費用，這些項目的額外印刷成本是零。

如果你的宣傳品規格比你要印製的紙張小，那就想想利用多餘空間的方法。反正你付的是整頁的錢，何必把周圍的空白浪費掉呢？用來印製有你名字的便條紙、書籤或電話留言本如何呢？

你實在應該養成習慣，思考你的點子還能有什麼其他用途。在你繼續發展更多更好的點子時，這種思考方式會成為你的第二天性。只要你想盡辦法把點子榨乾，點子的價值就會更高。你費盡千辛萬苦才得到這個點子，可得想方設法讓它值回票價吧！

你可拿以下的媒體與工具清單當做起頭，確保自己不會忘記運用每一種可以用上的方法，為點子增加價值。你不見得每種方法都要用上，但這些從最傳統到最先進的媒體管道，都能為你的噗客美言幾句，你應該知道才對。還記得我曾經告訴你，認真努力地想出一個好點子是很值得的事，因為剩下來的工作都會變得（相對）簡單？你奮力想出好點子，現在你有了機會，就可以把它用在：

◆**公司名片**：這往往是人們會第一眼瞧見的行銷品。嗯？你從沒想過它是個行銷品？嗯……我的彈性也許很大，不過，名片上印了你的身分，也確實能用來代表你本人跟你的產品。你不會想要遞出一張有汙漬、捲角、印刷錯誤的名片。同理可證，你也應該非常、非常認真地思考名片的外觀，如字型、顏色、大小、形狀——還有裡面的內容。你的好點子——標誌、口號——能以某種形式表現在你的名片上嗎？

◆**宣傳手冊**：你是否擁有或需要一本宣傳手冊？不限形狀或大小、折數與重量，亮面、霧面或包膜。如果你不知道這些是什麼意思，那麼在當地或網路上找一個你信得過的印刷廠吧！

◆**影片：**如果你的好點子是一則電視廣告、宣傳短片或業務訓練帶，想想是否可以放到你的網站上；或加以改編，讓它更具有娛樂效果，然後放在像YouTube這樣的影音分享網站上。

◆**新聞稿：**用新聞稿告訴全世界你的好點子，費用肯定不高。所以，你應該用郵寄、傳真或電子郵件，把你的新聞稿送給報章雜誌、有線電視台、全國性電視台與電台、相關的組織、貿易期刊，每一個你想得到的媒體。為你的新聞稿想出一個能脫穎而出的好點子，只要它夠好，引起某個人的注意，又真的被報導出來，你就有機會讓你的噗客在成千上萬的人面前曝光。有個實用的建議：不要隱藏重點。這是新聞報導的行話，用來告誡記者在忙著鋪陳戲劇化的場景與建構張力的同時，要能直指核心，不要把重要的資訊藏在文章的第三段或第四段。

◆**貿易展：**如果你所屬的產業有貿易展，只有你自己知道是不是值得花錢參加。但如果你真的租了一個攤位，至少要確定能以某些方法利用你已經發展出來的每樣東西。把你的廣告傳單、宣傳冊、平面廣告、新聞稿，林林總總全都展示出來。如果你的好點子是一個全新的口號，那就應該拿來做重點展示。另外一個好點子是去想辦法增加攤位的人潮，但不是靠著發送有公司商標的小禮物，這麼做只能吸引那些家裡的廉價紀念品已經堆積如山的人罷了。

◆**網站或部落格：**如今網站就跟公司名片一樣是必要之物。要確定你的網站在外觀及口氣上能反映出你為噗客建立的身分識別。切莫興沖沖地開了一個網站後就熱情盡失，害得人們每次造訪都只能看到「建置中」這幾個大字。另外一個同樣糟糕的情況，是為了省錢而找你那只修過一學期電腦課的表哥或表弟來設計你的網站。雖然你不一定要砸下重金，但也不要把你的網站跟家務事扯在一起（拯救你的表哥表弟免於建置家庭族譜網站的苦差事）。除了精美的網站之外，部落格或許也是一個好點子，可以用來取而代之。

◆**直效廣告郵件：**你有了你的好點子。你有了廣告傳單、宣傳手冊、新聞稿、平面廣告。你有了目標客群。考慮寄個廣告郵件吧！你可以利用現有的材料，或把你的點子調整成不同的格式。這種做法的費用會很高，所以你大概不會想要寄給每一個人。郵寄名單專家可以給你很好的方向。

◆**最新的溝通技術或網路工具：**有什麼比混搭程式（mash-ups）[20]、播客（podcast）、維基百科（wiki）、虛擬網路身分（sock puppet）、病毒行銷（viral marketing）、標籤功能（tagging）以及RSS還要更新？在你能自在使用這些新奇小玩意兒的範圍內，看看它們可以怎麼幫你把訊息傳播出去。

有句諺語說得好，如果你的工具只有榔頭，那每個問題都會被你看成釘子。若你只有網站或宣傳手冊，你往往會試圖把手上的每一樣東西都塞進這些溝通形式中，忽略掉其他你應該善加利用的行銷溝通機會。

個案討論：視清眼鏡公司

在我看到視清眼鏡公司的執行副總裁富萊費爾德把「吃乾抹淨」做

[20] 譯注：又稱為混合性網路服務，透過混合搭配不同來源的內容或資訊，而創造出來的一種全新網站或網路應用程式服務，如地圖、網路相簿、搜尋與購物、新聞均可做成混搭程式。

為一種替好點子增加附加價值的機制時，我才首次明白這個道理。視清眼鏡公司是醫療處方用、時尚流行、日常生活以及兒童用眼鏡架的跨國經銷商，一度是波特廣告公司的客戶。他們的口號是我做出來的：「有了視清，萬事輕」（It's Easier When You Have A ClearVision.），不過這又是另外一個故事了。

富萊費爾德的做法也許在他那一行很普遍，大概在很多行業中也是如此，但我從未見過這個做法被運用得如此自然與實事求是。「吃乾抹淨」對他而言，就好像碳粉匣用完了就再去訂一支那樣理所當然，是檢查表中的一個項目，是他們本來就會做的事。

以下是他處理一條眼鏡產品線Flexit的案例。Flexit最大的不同在於它有一條很先進的彈簧鉸鏈，這是安裝在鏡框兩邊的鉸鏈，比起硬式鉸鏈，可以把眼鏡腳拉得更開，而更舒服地掛在耳上。他們在行銷材料中展示這種差異性的方法，就跟視清的業務人員實地展示給顧客的做法一模一樣：業務員手持眼鏡腳的左右兩端，拿起鏡架，然後在桌上把它完全拉平到一百八十度，結果鏡框與鉸鏈毫髮無傷。我們的廣告則是一張兩手各持鏡架的一端，讓它整個打開到鏡框與鏡腳幾乎平行的照片。標題寫著：「Flexit，彎得了，斷不了。」（Flexit. You can bend it, but you can't break it.）口號則是：「全身舒展，好樣的！」（Flat out, the best.）

我們的廣告製作完成之後，我看到富萊費爾德寄給零售商的商品冊，裡面有產品銷售傳單、放著實體眼鏡剪紙模型的陳列架、背面為發泡層的櫃檯廣告墊，讓眼鏡行可以陳列給顧客看，還有其他一些陳列用的物件。他們往往也會去製作別的宣傳品，雖然不一定是給 Flexit 用的，如廣告郵件、通訊報導、貿易廣告、印有產品圖樣或口號的展示墊、業務員用的宣傳品、眼鏡行的櫥窗陳列品、貿易促銷與競賽，還有給消費者的宣傳小冊。還是老話一句，也許這些都是那個行業的常規，但沒有一樣被忽略了。這樣有概念了嗎？

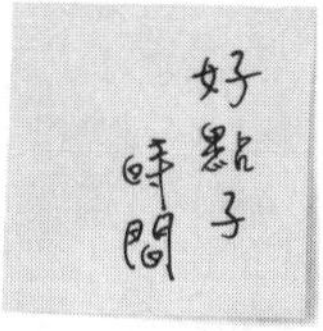

廣告點子應該應該無所不在：

- 讓你的廣告變成直銷郵件。
- 讓你的廣告溜進宣傳冊裡。

- 把你的廣告寄給貿易刊物。
- 把你的廣告放大張貼在你的窗戶上、候客室或會議室裡。
- 讓你的廣告成為公關訊息發布的基礎。
- 把你的廣告放在網站上。
- 把你的廣告被放在新聞通訊上。
- 不要把你的廣告寄給那些你確定不會在乎的人，除非你比你自認的更樂於被愚弄。

第13章 別當創意自戀狂

除非你真的懂得規則，否則打破規則從來不是好主意。不過，當你一直緊盯著策略，照著規矩做事，打破規則的好時機又會翩然降臨。

一個好點子突然從你的腦袋瓜蹦出來，你又驚又喜，馬上就知道如何徹底開發這個點子，如何把它吃乾抹淨，又如何利用它博得可觀的公關版面。只不過，它跟你已經發展出來的策略如此不搭嘎，你很想將它棄置一旁。只不過，它還真是很有料，聰明、說服力十足、獨特、又出人意表，就是天殺的比你的其他點子都要出眾，所以你不但沒有扔到一旁，還真的把它圈起來、加粗、用比較大的不同字型標示，深怕在你列的點子清單上會看不清楚而搞丟了它。去他的規則！這就是一個值得留下來用的點子。沒有人比你更清楚你的目標，只要你感覺對了，那大概錯不了。

高曼（William Goldman）寫過許多本書，他有一個對電影界的洞見最常為人引用：「沒有人知道任何事。」（Nobody knows anything.）我，還有其他任何人，又有什麼立場反對你，要求你死守策略不可稍忘？

忘了邏輯、忘了規則、忘了其他人說過的話。要記得，你的點子就跟所有點子一樣纖細精巧，別受那些渾蛋的折磨！當然，你也會有陰溝裡翻船的時候——如果你的點子爛透了。不過這就是後話了。

在創意這一行，初出茅廬的人會比老鳥更常愛上自己的作品。一開始的時候，你在紙張上看到任何體面的東西出現，那種興奮感實在是太值回票價了，你就像個青少年，太常也太容易因此陷入愛河，不可自拔。等你有了經驗，也具備更多權衡自己創作的能力後，對於何謂好壞，就會有更多客觀的判斷。

個案討論：凡士林膏

這個創意任務的訴求很開放：替凡士林膏（Vaseline Petroleum Jelly）

做一個新的電視廣告。客戶經理「知道」客戶想要什麼，所以把創意部門帶向傳統的方向。如果我們想要把握爭取案子的機會，在客戶面前簡報，就沒有時間做出驚人之舉。我跟整個創意團隊全被叫去幫忙想點子。

大家提出來的每一個點子，在我看來有的比其他點子來得聰明一些，但都能符合期待，實在地標榜出凡士林的好處：卸妝、保護小擦傷、滋潤皮膚。可是，每一個廣告概念都忽略了我認為最重要的細節，那就是這個產品的一個要素：「黏糊糊」（我想不出更好的用詞了）。凡士林膏是一種黏稠而厚重的膠狀產品。當然，任何心智正常的人都不會想要提到這個特徵，因為它就像牙齒上的菜渣，並不討喜。就算確有其事，但就是沒人會提起，而我倒是被這個特徵吸引了，認為它可以帶來出人意表的結果。

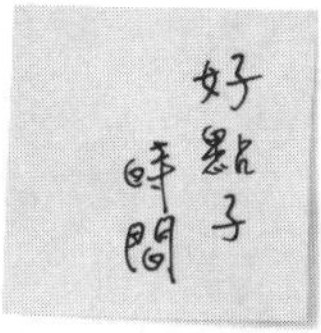

你的噗客有沒有什麼地方是你真的沒留意到或視為理所當然的，所以從來不曾被提起？更重要的是，你的噗客有沒有被人先入為主地看成缺點的地方？缺點其實可能是個優點，端看你怎麼去呈現它。就像喝了一口強力漱口水一般，原來不好的東西反而變成產品的強項與效力的明證。說不定，拋開成見以全新的眼光重新檢視你的噗客，並不是一件壞事。

你看到的差異可能很小，如一個不會刮傷桌子的埋頭鉚釘；也可能很大，如安裝在貨車上的衛星定位系統，讓你可以即時追蹤貨物。把你的噗客翻過來、拆開來，彷彿是你們素昧平生那樣，以顧客的眼光而非你自己的眼光來看你的噗客。如果可行，把噗客拿給一個從沒見過的人看，幸運的話，你得到的反應會讓你大感意外。

我為凡士林做的廣告是從一個美麗女子的近照（特寫）開始。鏡頭往後拉，讓觀眾看到她正走在一片金屬色澤的磁磚上，顯示出那是個游泳池。女子向著觀眾走來，開始卸下她的白色浴袍，旁白女聲說：「睡前享受一趟清涼的浸潤。」同時，鏡頭近切到模特兒的手「浸入」一罐凡士林膏裡面。女子把一些凡士林膏塗抹在肩膀、臉部、膝蓋及腿部，同時旁白接著說：「讓凡士林膏滋潤你的身體，每到之處，肌膚都變得柔軟光滑。」鏡頭再度切到她的手浸入罐子中，然後帶到她把產品塗抹在手肘，旁白說：「護膚專家知道，沒有什麼能更加滋潤、更加柔嫩。」當鏡頭帶到模特兒把凡士林塗在脖子上時，旁白說：「百分之百純凡士林膏。」最後一個鏡頭則切到她把手浸入其中，畫面在此處停格，然後加上標題與最後的旁白：「今晚享受一趟清涼的浸潤吧！」

我的直覺告訴我，這是個值得驕傲的好點子，好在它把清涼地浸泡在游泳池（或湖水、池塘、海洋、噴水池）中的概念，跟浸潤在凡士林膏中劃上等號。這是唯一一個可以做這種訴求與擁有這種意象的潤膚膏，如果能成為一種獨特的優勢，何必忽略呢？美術指導羅柏森（Jack Robertson）與我把這個點子展示給客戶經理看，那場會議要決定誰的點子可以勝出，而我真心相信他們能了解這個點子，甚至張開雙臂歡迎。結果他們反而看著我們，好像我們拿出來的是一個賣酒的廣告，然後告訴大家喝這個東西的唯一原因是要把自己灌醉。不過，我們仍然相信浸潤是一個好點子，也告訴客戶經理我們的原因，然後就走了出去。

不，沒有什麼最後一秒鐘改變心意這種事。把焦點放在產品的黏稠性上，這種廣告就是不可能秀給客戶看。那個廣告胎死腹中，剩下的只有原始腳本的複印本，上頭沾滿灰塵。不過，我這本書的重點是要幫助你精進發展好點子的技巧，可不是來吹噓我的豐功偉業。

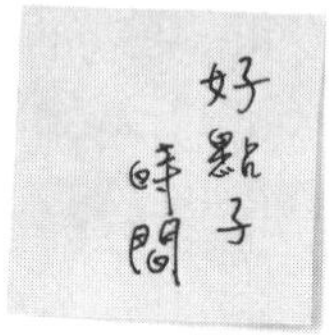

我要指出凡士林廣告的一段文字：「沒有什麼能更加滋潤、更加柔嫩」（Nothing moisturizes better, nothing softens better）。這就是所謂的「對等性訴求」，句子聽起來有先發制人、略勝一籌的感覺，但實際上說的是它跟同一產品類別中的其他產品一樣好。雖然它沒有說比別人更好，但確實是在暗示自家產品的優越性。你得決定何時或是否要使用這樣的語言，有些廣告創作者認為這是在誤導，也有人在覺得自己沒有其他訴求選擇時會使用它，我個人則強烈認為兩者皆是。

你在構思好點子的時候，一開始冒出來的想必都是些廣告老梗，把這些當成是真正的操練開始以前的暖身動作。不要勉強接受最初的想法，不要對你想出來的第一個或任何一個東西念念不忘。對你的點子要深情款款、引以為榮、認真對待，但可別明媒正娶。因為如果你為了好些個理由，發現自己不能使用這個點子，除非你能拋棄舊愛，否則你將無法做好準備，找到新的戀情。

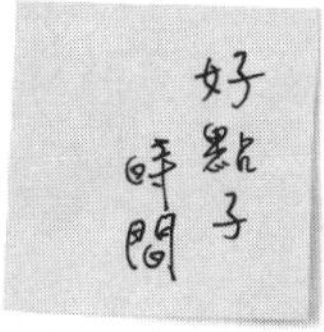

拿一個陳腔濫調，像是「隧道那一頭的光」（The light at the end of the tunnel）這個句子，來想想不一樣的表達方式。記得，在這個案例裡的噗客比原版產品更輕巧／更溫和／負擔更少或卡路里更低。這真的是個很困難的工作，因為一個標準的俗套往往就是沒有改進的可能。我們當然不想只是為改而改，但這是值得一做的嘗試，看看自己是否能想出一些不會讓人馬上感到眼熟的東西。

我還有另外一個愛上點子的例子。我在任職的廣告公司內部提出那個概念，但它從來沒能走出公司的大門。部分原因是因為我不想更動它，使它變得比較安全一點，也比較像其他廣告。我深深愛上這個點子，拒絕做出任何改變，不管那改變有多微小或多麼有助於使點子的概念更進一步，取得面對客戶的機會。我當時對它是如此迷戀，如此執拗。

個案討論：阿納辛止痛片

這個點子的產品類別是止痛藥，產品名稱是阿納辛止痛片（Anacin）。那是一次廣告探勘活動，意思是大家來看看能不能想出一些新廣告秀給客戶看。

我做了所有要求你做的事情：看看噗客以前的廣告、看看競爭者的做法、發展出你認為有希望的點子、記得最後想出來的優點是這個產品可以提供的，而或許最重要的是，確定你沒在其他地方看過這個好點子。

我對這個產品類型的經驗不多，所以看了各式各樣止痛片廣告的選輯，它們看起來全都一個樣子（當然，在一個止痛片專家的眼中，裡面一定有很多有意義的細微差別）。這些廣告都是街頭訪問、現身說法，或常常是一個媽媽在抱怨頭痛，吃了廣告中的產品後，唉呦！您瞧瞧！她果然好多了，不再對著孩子大聲咆哮，現在正在替老公烤蛋糕呢！每一則廣告都有一段動畫摘要展示產品為何／如何生效。基本上，大部分的廣告皆各自展現出一段真實生活的樣貌，探討的態度都非常嚴肅。

其中也有例外之作。我記得易舒止林（Excedrin）止痛藥會在廣告裡用到數字，例如易舒止林第十二號頭痛，而且每一個廣告都給人溫馨詼諧之感。幽默通常不會用在頭痛藥物上，這是有道理的，因為頭痛的人對自己的處境不會覺得有什麼逗趣之處。（但我並沒有因此卻步，我當時很執拗，記得嗎？）

我發現雖然我們總是看到人們深受頭痛之苦，但卻從來不知道是什麼人或什麼情境害他們頭疼。我們可能會先看到小孩尖叫，媽媽們痛苦的反應隨之而來，但引起頭痛的原因往往被鏡頭很快帶過。明白了這一點，我靈光一閃的時刻就出現了。

我的好點子是：日常生活中有很多情境會引發頭痛，要把焦點放在頭痛的原因——讓人火大、不爽的人或事——而非很俗套地只注意那個頭痛的人。我發展出來的每一個商業廣告，都用攝影機來代表觀看者的眼睛，這就稱為「主觀鏡頭」（Subjective Camera）。

舉例來說，在一則電視廣告中，在家看電視的觀眾其實是被當成坐在計程車後座的乘客。司機轉身面對鏡頭，向乘客（電視觀眾）解釋為什麼他們會身陷車陣當中。我們在聆聽司機解釋問題的時候，同時還能聽到交通、喇叭與一團混亂的誇大聲效。

計程車司機：「對啦！我是可以走三區大橋。可是你想，這個時候隧道可以直通中央車站，然後再抄個捷徑。你知道管線破裂的事情嗎？你那應該不是今天晚上的最後一班飛機吧？喔！那……那裡有一間還不錯的機場旅館……」就在這個時候，當我們聽著司機還在說個沒完時，鏡頭切到一瓶阿納辛，並打上一句標題：「現在就來一些阿納辛吧？」

我必須承認，當我寫完這個橋段，就深深愛上它，不可自拔。想想看，我們看似打破所有的規則，然而又並未真的如此。我們的確有一個頭痛的人，但是每一個看電視的觀眾，而不是鏡頭裡的人。廣告的主題又利用了觀看者對產品的熟悉度，藉此暗示阿納辛的優越性（這種情況下，你需要的是阿納辛，不是一般的阿斯匹靈）。

在我看來，這個橋段的魅力，部分來自於它是個只有十五秒鐘的廣告，在媒體操作與預算上有其深意，你可以用少一點的錢，更頻繁地播放廣告，或在一個三十秒的時段一次播放兩個不同的橋段。

計程車司機的橋段可以跟我寫的另外一個橋段搭配。後者是一名參加郵輪之旅、初次見到客艙的乘客。鏡頭上唯一出現的是客艙服務生，正忙著用傲慢粗魯的口氣解釋為什麼對方要求的就是這種艙房。

客艙服務生（直接對著鏡頭前的電視觀眾講話，好像觀眾是那個剛剛對他抱怨房間的乘客）：「不對，先生。您訂的是內艙標準房，不是特等客艙。我們在特等客艙的紀錄上找不到您的名字。還有，這並不是一個放嬰兒床的櫃子。你可以再要一張簡易床，雖然這間房可以看得出來已經很擁擠了。引擎聲音肯定能在旅途中修好，只要漏水……」

就跟另外一個廣告橋段一樣，這個人會在整個廣告進行時滔滔不絕說下去，直到鏡頭最後切到一瓶阿納辛止痛片時還能聽到他的聲音。最後畫面上出現文字：「現在就來一些阿納辛吧？」

當你想出一個好點子，記得我建議你還要做些什麼嗎？想想點子的其他用途？（就是「吃乾抹淨」那件事啊？）我對這個廣告如此傾心，深深愛上它的另外一個原因，就是因為我發現另一個全然驚奇又具有相關性的運用方式。我發現，在其他可能使人大感意外的刊登方式中，我們可以在房地產廣告與求才廣告這兩區各放一則小幅廣告。瀏覽這兩區廣告的人都有著焦慮不安的情緒：一群人要找新的工作，而另外一群人正在考慮買新房子。一則正中央擺著一罐阿納辛、並加上一句「現在就來一些阿納辛吧？」的廣告，在我眼中正是相關性震撼的完美範例。

業務部門看事情的眼光與我不同。受廣告公司的企業文化影響，為止痛藥發想出使人眼睛一亮的新點子，這個任務被解讀成：「在廣告中間放一段比較長的示範，或許做一些大膽一點的事情，像是片尾放上顏色特別的標題等等。」所以，這個廣告從未見過天日。

如今，如果你自己負責公司的行銷，便不會遇到這種問題。你身兼創意總監與決策者二職，更能讓你的點子英雄有用武之地。但權力更大，責任也就更大。相信直覺當然沒錯，不過，就像真實的人生一樣，小心可別愛到神魂顛倒的地步！

第14章 命名有乾坤

你開始追尋好點子。你思考策略，檢視自家噗客的效益，查看競爭對手的動作，也審視公司內部已經做出來的東西。你寫下句子、字眼、主題、口號與標題；簡言之，你做了現在你知道自己該做的事情。還有一個地方也可以為你帶來靈感，但或許是太理所當然的關係，所以你可能壓根從來沒考慮過它——噗客的產品名稱。

你的噗客若有個饒富特色的產品名稱，嘗試把它跟你的點子結合起來，說不定會是個好主意。就算沒成功，拿來做為某個廣告或直銷郵件的要素，也還是能營造出相當的趣味。

不是每個名字都能奏效，但如果你仔細斟酌，花點力氣以此發展一則廣告或行銷品，就能讓產品名稱為你所用。不過，也有可能一事無成，或更糟的是引導你想出一個蠢點子。看看下面這個例子：

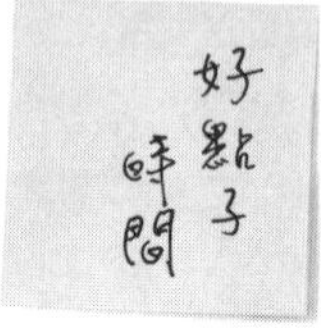

在我陳述這個以產品名稱為構想基礎，發展解決方案的例子以前，讓我先告訴你產品名稱是什麼。然後，先不要看我的解決方法，自己思考你會如何把這個名字使用在廣告、口號或標題中。其中一個品牌是一家自助式個人倉儲公司，叫做「塞出去自助式個人倉儲」（Tuck-It-Away）。在讀下去以前，先想幾個點子出來，準備好了再回來繼續看。

個案討論：塞出去自助式個人倉儲

這是一家在紐約及紐澤西提供個人倉庫與迷你倉庫的公司，成立於一九八〇年。個人倉儲的意思就是你可以以月為單位租一個儲存空間，使用自己的鎖與鑰匙。從一個小型儲物櫃到一間大儲藏室，什麼空間都可以租，也幾乎什麼東西都能存放：多餘的家具、季節用品、學校的暑期用品，不論長、短期，也差不多任何空間用途都適用，就像是沒有地下室或閣樓的人家的替代品。

我們的創意挑戰是要讓這間公司在競爭中脫穎而出。該公司的行銷預算比競爭對手遜色，倉儲地點也少很多，不過，好點子可以克服一切。我根據這個行業的普遍訴求與效益——方便、低成本、使用自己的鎖與鑰匙，還有你能塞進去多少東西——發展出幾個不同的做法。

以下是我開始創意發想時寫下的一組（簡略過的）想法，有的是隨意亂想，有的則有目的性。有些點子是為了口號用、有些是為了促銷用、有些則是為了廣告用。你知道的，在這個階段你只是把想到的東西全寫下來，甚至還沒發展自己的策略，編纂成品也是之後的事情。

◆把空間拉大？

◆秀給人們看如何充分利用他們的儲存空間，聘請一個打包專家（某個在旅行指南寫過文章，教人如何有效率打包行李的人）。也許可以讓那個人擔任公司的代言人。
◆在感恩節印製並發送填充火雞餡料的技術指南。
◆發表一個新的倉庫空間計畫。
◆公關競賽：在一個四乘六英尺的「塞出去」空間裡，你能塞進去多少東西？
◆留住所有。
◆做促銷，提供租賃者在特定期間內免費讓空間升級的優惠（以四乘四的價格租到五乘五的空間）。
◆也許是我們只做一件事情（倉儲），而其他倉儲公司身兼二職（搬運與倉儲）這個概念。
◆做一個特價商品的廣告，賣的都是大多數的人買下來又長年儲存在外的東西，像是運動腳踏車、佩蒂佩吉（Patti Page）的唱片、呼拉圈。
◆物滿為患？需要空間？塞出去！
◆一間沒有景觀的房間。
◆也許設計一個看起來像房地產的廣告：小坪數、無景觀、免費停車、免費搬運、零平方公尺。

◆大多數人離我們不到兩英里的距離。等你上路，你會覺得只有兩百英尺遠而已。

◆塞出去。我們有你需要的儲物空間。

◆直到下一次流行以前，你要把這些豆豆布偶（Beanie Baby）放在哪裡呢？

◆你知道嗎？兩年前你在市集買了一幅畫，後來你看膩了便把它丟到大街上，結果上個禮拜有個男人發現畫，撿去賣給大都會博物館，賣了一千兩百萬美金！要命哪！說好不提這件事的。

◆在你買一組新沙發以前，也許你應該先想想舊的要怎麼辦。

◆聖誕快樂！你去年拿到的禮物要怎麼處理呢？

好點子就埋藏在這一串清單中，如果你看了這一章的標題，大概已經猜到跟名稱有關係。我得承認，當我們初次拿到案子的時候，我覺得這家公司的名稱不過是個綁手綁腳的東西。

我領悟出另外一種看法，那就是人們之所以需要儲存空間，是因為他們想要保存自己的所有物，而非丟棄它們。也許人們認為這些物品幾年後能增值，又或者他們想要把東西留給孩子們，也有可能是因為感情因素不想跟某個物品分開。無論什麼理由，我都會這樣建議客人：不要把你真的想留下來的東西丟掉，找個地方存起來就好。

換個說法，就是：「別丟出去，塞出去吧！」（Don't Throw It Away. Tuck-It-Away.）這是個獨特的定位，針對那些可能還沒發現除了丟東西之外，儲存起來也是一種選擇的人。更重要的是，這是很好的記憶輔助方法，讓人們更容易記住客戶的公司名稱，而且把它跟客戶的業務掛鉤。

一如往常，我們呈現給客戶一組構想，並指出我們推崇的點子是哪一個。我很想說當我們提出建議的時候，下面響起如雷的喝采聲，但沒有。客戶看得懂字，不過只能照著字面意義解讀，他問我們，那麼那些沒想過要丟東西，只是想要儲存空間的人怎麼辦呢？我回答，這些人顯然已經明白「塞出去」公司的業務性質，因為它確實就是一家自助倉儲業者，而這些客人也很熟悉這種服務類型。

這個方法可以真正地把這家公司跟其他競爭的自助倉儲業者區隔開來。所有競爭者的口號與招牌談的都是他們提供的倉儲空間以及你能塞多少東西進去，沒有「塞出去」公司擁有的訴求與效益。我們當然還是可以討論倉儲與空間，但這是這個行業的既定事實，而我們擁有一個很好的差異化平台可以立足。客戶（最後終於）同意了。

在我們製作的廣告中，我最喜歡的一則有著這樣的標題：「不想丟掉東西嗎？」接著解答就來了：「現在，你不用這麼做了。」結尾就是這句口號：「別丟出去，塞出去吧！」

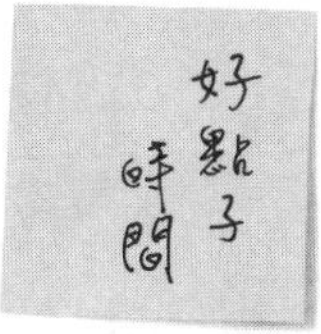

說到名字，說不定你可以組合名字裡的字母而得到一個獨一無二的主題，或甚至替你的噗客想出一個名字。有時候，你也可以用一些簡單的做法讓名字顯得出眾，像是把名字中的某一個字母大寫。做為一個名稱，Stardust就跟StarDust不一樣，如果你的噗客是家庭清潔用品的話，後者便能使你脫穎而出。

或者也可以試試把名字的第一個字母與最後一個字母大寫（這麼做

幾乎是在冒險創造一個標誌了，但我的用意是要你詳細檢視噗客的產品名稱，把它用在主題上，或用這種設計方法把它突顯出來）。

再次聲明，StardusT與Stardust或StarDust是不一樣的東西。

大家都知道，美國家庭人壽保險公司（Aflac）那隻呱呱叫的鴨子㉑，用鴨子的呱呱聲把該公司的名號深植於美國人的意識——與潛意識——中。而政府雇員保險公司（Geico）也企圖用一隻小蜥蜴（gecko）來達到相同的效果，不過在我看來，這個提高姓名辨識度的方法牽強附會，而且沒有效果。

首先，你得先理解gecko是geico的一個拙劣的同音異義字。其次，你得忽略gecko是一隻蜥蜴這件事情，而蜥蜴肯定不會是個讓人愛不釋手的標誌。最後，廣告裡的小蜥蜴操著英國腔，也許是為了提高它的名望，也許是要讓它聽起來很誠懇的感覺，也許……哎呀！我也不知道。

㉑譯注：美國家庭人壽保險公司做了十多年的廣告卻仍少有人知，於是該公司在二○○○年首次在廣告中使用一隻有著黃色嘴巴、穿藍色上衣的白色鴨子，以其「呱！呱！」聲做為創意，使得該公司從默默無聞變得聲名大噪，鴨子也成了大眾文化的標誌。

個案討論：迅捷停車場

迅捷停車集團在紐約擁有將近三十個停車場，多年以前曾經是我廣告公司的客戶。他們交付的第一個任務是為公司設計一件新的T恤，因為某一個競爭對手推出了一件T恤，在衣服上說他們是「停車專家」（parking professional）。迅捷也想要一件說他們是「停車達人」（parking people）的T恤。專家和達人這兩個詞可以互換，不過我要說的意思都一樣。

要記得，我在開始構思的時候，背負著幾個限制。第一，我喜歡盡可能地跟著策略走，這樣我才知道我要解決的問題是什麼（你也應該如此）。其次，替一件簡單的T恤與為一部精心製作的全國性電視廣告想點子，對我來說並沒有什麼不同。從媒體預算的角度來看，這兩者的重要性肯定不一樣，不過我替小案子構思點子所貢獻的時間往往不亞於比較大的案子。無論如何，如我曾經指出的，一旦你有了一個好點子，即便是T恤也罷，你不會知道這個點子將把你帶向何方。

我們將迅捷停車場定位成跟大型業者一樣夠格、有經驗且稱職的公司，廣告公司發展出來的策略是去說服大樓的業主，不要不假思索地把管理大樓停車場的標案寄給那些老面孔，其實他們還有其他合情合理的選擇，而迅捷應該納入他們的考慮之列（沒錯，就製作一件只有四個鈕釦洞的衣服來說，這做得太超過了）。

我非常認真地工作，替那件T恤的主題、標籤、標題想出了二十種不同的點子。我們跟客戶開會的時候，迅捷的總經理沃夫（Kevin Wolf）一定覺得我們有點想太多。他絕對很清楚這件事情做下來不過就是一件T恤，而且他已經說了，他想要簡單的東西。

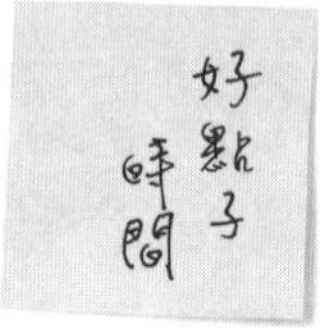

做得過火嗎？如果你是在替自己的公司做呢？難道你不會把它當成一件重要的任務嗎？或者你會說：「喂！不過是一件T恤，誰會真的在乎呢？」別讓我聽到你有這種想法。T恤、櫥窗看板、宣傳手冊、雜誌的十五頁夾頁廣告、全國性電視廣告，不管是什麼，都要勤奮地想出那個好點子，切莫看輕宣傳的媒介，當成你不盡力的藉口。

當然，你會期望付出的時間與努力能獲得合理的回報，所以工作要有優先順序。但誠如我曾經向你承諾過的，一個好點子會擁有自己的生命，就在你為了某些看似微不足道的東西（諸如店面櫥窗上的一塊招牌或商展上的一個陳列架）而艱苦奮戰時，這個點子會以你從未料想到的方式替你開拓業務。

本來我並不覺得停車場的名稱有那麼多文章可作。就算有的話，我也會認為名稱中的「迅捷」（Rapid）這個字要比「停車」（Park）更能引出一些有趣的東西。可是，當我在做案子的時候，有個點子跳出來，把其他點子都擠到一旁，大聲地喊：「看我！看我！」我們推薦這個構想，因為我們真的認為它用了一個非常出其不意的方式來玩迅捷停車場的名字，能讓客戶的名號以正向又獨特的方式引起眾人的注目。感謝沃夫，他接納了我們的建議。

T恤的外觀在視覺表現上很直接但別致，擔任美術指導的是托梅。衣服正面是一個曼哈頓形狀的黑色輪廓，正中央有一個綠色的實心矩形，從位置上便可清楚看出它代表曼哈頓的中央公園。曼哈頓的輪廓內還四散著大約一打綠色的R，每個約有一寸高，代表迅捷停車場各個不同的位置。而「迅捷停車場是停車管理的理性、明智的選擇」，這個好點子也是把所有要素都兜在一起的主題，就是：「紐約的停車好去處比你以為的還多」（New York Has More Great Parks Than You Think.）㉒。

這個以名稱來發想的好點子本來是為了一件T恤而做，卻帶出鮮活的策略，成為一個非常成功的行銷活動的基礎，被用在迅捷停車場的廣告、郵件、促銷材料中，大體上每個地方都用到了，而且沿用了數年之久。

個案討論：美能達自由照相機

對我來說，要將這一款照相機與其他功能類似的產品區隔開來，意味著避開「用我們的照相機，你拍出來的照片會比其他競爭者的照相機更好」的各種變形。我的點子最後以照相機的名稱為其特色，不過，這不表示我馬上就能明白照相機的命名有乾坤。一開始的時候，這個點子僅僅是

㉒譯注：以公園（park）來做為停車場的諧音。

一長串可能方法中的一種而已。

我的好點子採用了經典電影中被奴役或囚禁的人沒有機會重獲自由的老套場景。

在電視廣告的腳本（簡報用，從未製播過）中，一開場是兩個疲憊瘦弱的船上苦役，肩並肩坐著划槳。他們形容枯槁，衣衫襤褸，一副什麼好事都不可能降臨在他們身上的模樣。其中一人轉身對另外一個人說：「別擔心，船長答應今天晚上就會放我們自由。」

下一幕則換到一個經典電影中的苦牢場景。另外兩個人被上了手銬腳鐐，鎖在離地約有六英尺高、由粗糙的鵝卵石砌成的牆上。甲說：「我想我知道怎樣獲取我們的自由。」接著，鏡頭切到南美洲國家的典型革命畫面，憤怒而不受控制的群眾高舉雙手，對著陽台上的領導人咆哮：「自由！自由！自由！」再來我們就看到照相機本身的漂亮畫面。

為了維繫自由這個主題，旁白員會表達出每一種不同的訴求，向使用者擔保能獲得各式各樣的自由：自動裝片功能，免於笨拙的自由；不會拍出模糊照片，免於恐懼的自由；廣角鏡頭或遠距調整的單一按鍵，免於做選擇的自由。我們接著將鏡頭切回原來的苦牢場景，甲上了手銬的手上拿著一台照相機，對著獄友說：「笑一個。」閃光燈閃滅之際，螢幕隨之反白，鏡頭便帶到一台照相機與美能達（Minolta Freedom Camera）的廣告標語。

這就是我拿「自由」這個產品名稱玩出來的東西。你呢？

第15章 當心不專業意見

瞧你有了一個好點子：一個平面廣告、一本宣傳冊、一則電視廣告……唉呀！隨便什麼啦！可是，你可能會覺得應該要問問其他人的看法。你想要試試水溫，把點子拿給從沒看過或不曾參與創意過程的某個人看看，頂多再多找幾個人問問。你有著滿腹的不確定、懷疑、擔憂、不安，就怕這個點子不容易懂，不夠好，或甚至策略不正確。

雖然謀求客觀的意見不是壞事，但要小心。第一個問題就是大家有時會說到的「祕書調查」（secretary research），不管這中間是不是真的牽涉到一個祕書。你請辦公室裡的某個祕書或郵務室裡的某個人，甚至找快遞員看看你的點子，因為你覺得可以得到公正誠實的意見。甭想了。

首當其衝的，就是只要你詢問人們意見，不管對方想不想或有沒有看法，他們都被放在一個提供諮詢的位置上。突然間，他們儼然成為那個主題的專家（不然你幹嘛請教他們？），而且往往會給出讓他們看起來很有學問的答案，不管他們腦袋裡真正的想法是什麼。在問問題的時候力求中立已經很不容易了，就算如此，這樣的情況還是會發生。再說，他們可能不想傷害你的感情，又或者很享受傷害你的感覺。

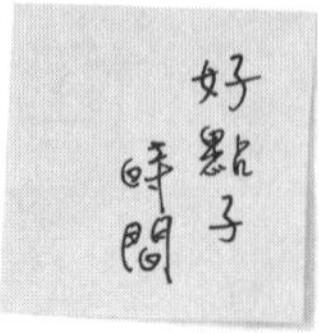

你可以用一個測驗來看看請教的對象是不是能提供值得一聽的洞見。如果你問某個人這個「點子」是什麼，而對方給了風馬牛不相及的答案，那麼你就該說謝謝再聯絡，下一個。

譬如說，如果你要尋求的是對某個牙刷廣告的反應，你問他們覺得這個廣告想要傳達的主要訊息是什麼，如果對方回答：「這廣告提醒我該去看牙醫了」或是「我沒用過這個牌子」，那他們就不會對你有幫助。要人們去評斷一個點子或每次都能看出點子的內涵，並不是件容易的事（也許還沒讀到這裡以前的你也是這樣）。

點子脆弱的本質也是你應該審慎處理祕書調查的另外一個原因。一個好點子就像一只氣球，雖然能超脫老生常談的境地，翱翔天際，但只要輕輕一刺，就能永遠毀了它。

舉例來說，如果你拿一個標題請教夠多人的意見，每個人只要改動一個字就好，這個標題很快就會面目全非。被鴨子啄得滿頭包的意思就在這裡，雖然啄一下不會讓你有什麼感覺，但每個人都啄一下，最後你還是會翹辮子。這很接近你常聽到的凌遲，一刀下去好像不會怎麼樣，但千刀萬剮之後仍會致命。

個案討論：吉寶蜂蜜威士忌甜酒

這是吉寶公司新的業務推銷重點，一種混合了蘇格蘭威士忌、石楠味蜂蜜，當然還有獨家祕方的飯後酒品。創意若能出線，將能一舉樹立威名，所以壓力很大，也牽扯到廣告公司內很多的政治因素。除了一個非常資深的創意人之外，任何其他人做的東西會被採納的機會是……嗯……你知道，就是老樣子。

儘管如此，首先我要問一個問題：你知道有多少人會喝吉寶的酒？讓我把這個問題擴大：你知道有多少人聽過吉寶這個牌子？這個問題把我帶到了將稀有與威望畫上等號的方向，也就是說，只有少數特殊人士能認得此一產品的特質。雖然我被誘惑走上這條路，但我並不想走一般的觀光路線，做名人代言。我想把焦點放在一個事實上，那就是吉寶酒鮮少在餐前或用餐之間供應，只會在餐後飲用。我明白自己毫無出線機會，又也許是因為這層領悟解放了我，讓我能隨心所欲地嘗試，所以我還是想到一個點子：使用有影響力的歷史名人引人注意的黑白肖像，每一位都是該領域的重要領導人。我的好點子不只設計出很不尋常的廣告頁面外觀，也表現在宣傳活動的每一則廣告中的標題字句組合。

舉例來說，你在一個廣告中放上三個重要人士的照片：安迪沃荷、邱吉爾與蕭伯納。然後是一句放大的顯著標題：「偉大的領導者眾多……但偉大的追隨者只有一個。」（There Have Been Many Great Leader…But Only One Great Follower.）

在廣告的底端，就在酒瓶旁邊放上廣告的訴求：「吉寶蜂蜜威士忌甜酒，追隨在一頓偉大的晚餐之後，莫此為甚。」（Drambuie Liqueur. Nothing Follows A Great Dinner Better.）

這是則高雅的廣告，將產品與聲名顯赫的有名人士連結，也把領導者與追隨者的概念玩到令人激賞的地步。藝術總監保盧奇（Larry Paolucci）一如以往的水準，賦予這個點子極為出色的外觀、情調與感覺，使它活色生香起來。

廣告頁是全然的黑與白，唯一的顏色來自吉寶的酒瓶本身。因為這是個好點子，更多可能版本紛紛躍然紙上，族繁不及備載。另外一個廣告是海明威、畢卡索與艾森豪將軍的黑白照片。有一個版本使用了十六張各行各業不同領域的領導人照片，有政治、科學、戲劇、運動領域，但都配上相同的廣告標題與主題。

我甚至還把這個概念推演到，不想在廣告的任何地方指出這些人像是誰的地步。我覺得這樣更能引人入勝，也會使人們更加投入，在看這則廣告時去辨識自己認得的臉孔，並問問朋友其他人是誰。

我們還有針對各種目標族群的廣告：高爾夫球雜誌的高球名將、娛樂界的劇場名人，以及登在《運動畫刊》（*Sports Illustrated*）等雜誌的運動明星，登在《財星》（*Fortune*）及《富比士》（*Forbes*）雜誌的商業界領導人等等。

同意！這真是個好點子，連廣告公司主持簡報的高層也都看出它的價值，讚賞有加。然後，你要慎防的事情來了：鴨子啄得我滿頭包。

發生在我的好點子身上的第一件事，是一位高階創意人建議，也許不應該用有名的領導者與追隨者，而是用有名的終結事件，像是艾比茲球場（Ebbets Field）㉓的拆除。在他來看，這樣更有張力。

接著，另外一位很大尾的創意人則建議不要把領導者弄得那麼令人生畏，要更親切一些，這樣一般大眾才能接受與了解，而且一定要把每個名人的姓名列上去，別讓讀者覺得自己很無知。另外則有人建議一個廣告放一個名人就好。我記不得所有的建議，但產生的淨效果是毀了這個點子，而非解救它。

然而我得承認，我言聽計從。部分是因為他們對我過去在公司的案子

㉓譯注：洛杉磯道奇隊當年還是布魯克林道奇隊時的主球場，於一九六〇年拆除。

從沒這麼投入過，也有部分原因是有一部分的我心想，這些人都是公司的一時之選，他們的本事應該比說出來的評論更厲害才對。

接著下一次內部簡報又來了。廣告公司的總經理看過原始構想，但沒看過這林林總總的改變，只看了一眼便勃然大怒。他否決了這個點子，而且說我根本不知道原來的廣告有多好，我現在秀給他看的東西把這則廣告給毀了。我環顧四周，尋求會議中當初引導我的那些人的支持（結果我現在還在等待）。

最後廣告並未問世。附帶一提，廣告公司也沒拿到案子。就我記憶所及，公司的提案是一張某個男人辛苦工作一天回家進門的照片，男人對他的太太說：「給我一杯吉寶。」我對這個點子不予置評。

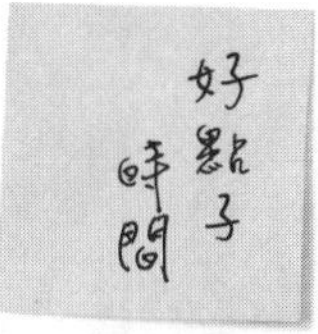

當你徵詢意見時，各方看法難免會有差異，你要如何解決？雖然取得他人的見解這件事本身並無好壞，但要怎麼決定誰說了算？

我與我的事業夥伴早期發展出一種解決方法，就是不管我們做出什麼東西——廣告、媒體計畫、策略方向——總是會拿給對方看，以獲取嶄新的觀點，但簽署文件的那個人擁有最終決定權。我說「簽署」，不是真的指在一封信或電子郵件底端的那個簽名，我的意思是東西是誰發展出來的，誰就負責決定要採納多少另一個人的意見。你可能得把這個原則記在心上。仔細傾聽，欣然接納各方不同的觀點，但你有責任，也有義務去做你覺得對的事情。

同時也要小心太過顧全禮貌這檔子事。我繼續拿動物來做比方：「駱駝是委員會設計出來的馬」（A camel is a horse designed by a committee.）。這句話所描述的情況跟你為了順應某人而改動一兩個字是不一樣的，它發生在你為了迎合提出建議的人，而把一些想法加諸原始構想的時候。也許是因為你欠他們一個人情或你想要讓對方有參與感的關係。但要注意，大多時候這麼做只會弱化你的點子。

力抗被鴨子啄得滿頭包的下場，不表示毫無彈性或抵死不從。有時候你會想要改變；有時候你是不得已而改變。以下要說的例子屬於後者：

通用磨坊食品公司的Stax小麥穀片（Wheat Stax）即將在市場上試銷。這種穀片有著類似圓形的外觀，大約一個二十五分硬幣的大小，厚度接近四分之一英寸，內部狀似蜂巢。因為它並不像一般的薄片那樣平滑，所以咬起來非常鬆脆，穀片內部的脊狀隆起與空洞使得許多表面部分被烘烤過，更添爽脆感。我的構想是穀片的裡裡外外、前前後後都被烘烤到，所以口號就是：「新的Stax小麥穀片，其他穀片沒有的地方，它通通被烘烤過了。」（New Wheat Stax. Toasted In Places Other Cereals Don't Even Have Places.）

這就是我呈給老闆看的東西，他忙不迭地加入意見，而在這個案例裡，他加的是一個字。他堅持要把這句話從「新的Stax小麥穀片，其他穀片沒有的地方，它通通被烘烤過了」改成「新的Stax小麥穀片，在其他穀片沒有的地方，它通通被烘烤過了」（New Wheat Stax. Toasted In Places Where Other Cereals Don't Even Have Places.）。

如果你第一次沒看出他加了什麼，再讀一次：他在篇幅已經很長的句子中，加了一個「在」（where）字。我爭辯大約三分鐘就閉嘴了，我知道如果不接受這個改動，廣告就出不了他的辦公室。回顧過往，我發現這樣的折衷也不算太糟糕。我讓步去增加一個完全沒必要的字眼，換得我的老闆覺得對這段措辭擁有所有權，這樣他才會努力爭取讓這個廣告過關，而廣告也確實播出了。

被鴨子啄到會帶來可怕的後果，即使在最好的情況下也是一啄斃命。你必須足夠堅強去抗拒大多數出於善意的建議，因為不管是很快的一啄或小口小口慢慢啃咬，你的點子最後都會一命嗚呼。

第16章 天使與魔鬼，都在細節裡

一個好點子不見得要很了不起。有時，最微不足道的地方能使你的主題或訴求變得更加醒目、引人入勝而且聰明慧黠。一個小東西本身偶爾就能成為一個好點子，可是更常是你在溝通上所做的一些小事，為你的點子增色，使它成了一個好點子。

很多小地方可以用來改進訊息的外觀與給人的感受，包括文稿切斷方式、圖像擺放位置、標點符號、留白等。

你是否曾經仔細查看你使用的印刷字體？你是否只是因為做得出來，所以用了過多的字型？你的字體大小呢？有幾種變化？美工是不是就做在你認為應該做的地方？整體的溝通調性與口氣是否與你要行銷的噗客相襯呢？標題是否在最合邏輯的地方斷句，又或者你的斷句方式很糟糕，例如，把「而且」（and）放在一行字的最後，使得下一行沒頭沒腦地開始？
譬如說，下面哪一個句子你認為比較易讀？

現在是所有的好人起而
（Now is the time for all good men to come to）
幫助他們的國家的時候了
（the aid of their country）

或

現在是所有的好
（Now is the time for all good）
人起而幫助他們的國家的時候了
（men to come to the aid of their country）

或

現在是所有的好人
（Now is the time for all good men）

起而幫助他們的國家的時候了

（to come to the aid of their country）

如果你沒有選擇最後一個，那就麻煩大了。

拼字檢查與文法正確也是小事一樁，但這兩項你最好謹慎待之。所有的文字都要做拼字檢查，然後再檢查一次。錯字會害死你。拼字檢查不見得每次都能檢查出complimentary與complementary，但你的讀者肯定抓得出來。而they're、there與their若打錯了，情況也是一樣。我最近收到一封郵件，上面的標題寫：「It's not what their saying…It's what you're hearing.」噢！他們至少把you're寫對了。利用網路幫助你修正文法，或去買本書來讀，譬如威廉斯（Robin Williams）寫的《麥金塔電腦不是打字機》（*The Mac Is Not A Typewriter*）。

以下是一些有關錯字的「小」例子，可用來說明我的意思：

◆一家賣潛艇堡的店裡的餐巾紙，上面列著一張脂肪含量的清單，並指出你加了一湯匙的橄欖油（olive oil）在三明治上會發生什麼事情。只不過他們把它稱作「撖欖油」（oljve oil）。

◆恩特曼（Entenmann）蜂蜜藍莓鬆糕包裝盒上的標誌，上面寫著：「淨重十六盎司（一磅）。每磅單價：二・六九元。您付的是二・七九元。」我把這個盒子留在手邊好一陣子，很想寄回去問他們為什麼多收我一角錢（希望他們會回贈給我一些甜頭）。

這些都是不難諒解的事，但你會希望能免則免，而它確實可以避免。想不出好點子，你的行銷溝通會做得很辛苦；但如果你忽視了這些小事情，好點子雖然還是好點子，你卻會錯失一個讓溝通盡善盡美的機會。

就跟許多廣告文案一樣，我以前也會自己接案。我的名片上印著所有必要的一般資訊：姓名、地址、電話、傳真、網站與電子郵件地址。然後，我還多加了一樣東西，不是符號、不是口號、也不是標誌。我在名片底端用很小的印刷字體，把所有的英文字母印上去：abcdefghijklmnopqrstuvwxyz。這是個出其不意、使人好奇，又多少有些道理的做法。當被人問到這些字母放在那裡要做啥的時候，我會老實地回答：「那些是我賴以維生的唯一工具，所以我想把它們彰顯出來。」雖是小地方，卻能以一種微妙又有想像力的方式，突顯自己有別於其他自由工作者，不用靠著製作過度的四色印刷名片，也不必急於表現聰明。

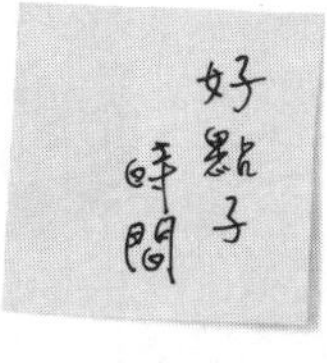

這些年來我接過不少名片，從非標準尺寸、兩面印刷、圓形、彩色到一般的黑白名片都有。有些名片上面塞滿資訊，有些則只有寥寥數語。有些使用的字型種類多到連我的電腦都找不到。有些則讓你一頭霧水，搞不清楚對方做的是什麼生意。所以，麻煩你把名片掏出來，遞給自己。上面說了有關你的什麼事情？它能反映出公司的個性嗎？有沒有耍聰明耍過頭？會不會太過精巧？需不需要瞇著眼睛才能讀到你的姓名、職稱、公司與地址？你認為最重要的資訊是否放在最顯眼之處？這些都是小事，但我們現在知道其中的重要性，就開始照辦吧！

說到公司名片，我曾經替寶妮塔・波特的活力青春健身中心（Bonita Porte's Energetic Juniors）設計過一張。這家健身中心設在曼哈頓，提供專為兒童與青少年的個人化到府健身訓練。經過數次錯誤的起頭（當然，全都要怪廣告公司）之後，寶妮塔的網站終於開張了。不消說，我們會想要利用郵遞廣告或媒體宣傳來告訴大家她的新網站，但我們也想到了一個很不錯的「小」玩意兒。我們印製新的名片，把新網址印成紅色字體。除了網站，其他文字都不是紅色。現在，客戶當然會忍不住說，既然我們要多花錢增加一個顏色，何必限制在網址上？公司名稱要不要也印成紅色？而口號肯定也是要多花點心血的，不是嗎？反正墨水錢已經付了。

然而，把第二種顏色用在網址上的重點就是要引起注意，增加其他紅色的文字就無法突顯網址。說得極端一點，每個字都是紅色，就跟每個字都是黑色沒有什麼兩樣。使用紅色是為了強調，所以只能用在一個地方。這也許是小事情，但正是小兵立大功，創造差異的好例子。

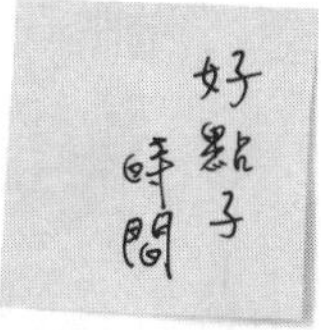

想想你為了行銷噗客所發展的東西，可以因為一個小小的調整、一點點改變、使用一個出人意表的顏色、字體、措辭或標點符號，而有所助益。當你做出一個滿意的作品並打算推出的時候，應該抽時間再檢查一遍。與其事後為了自己的反應遲鈍懊惱不已，不如在布局、文稿與圖案上做些實驗。當然是先把原稿存檔後再動工，所有的改動都要以「另存新檔」的方式處理，不然你會恨死自己。務請謹慎地調整，也要抵抗把小兵變成大英雄的誘惑。一兩湯匙的糖能讓咖啡更加美味，但加了五六湯匙，就成了一杯走味的咖啡。

活力青春健身中心還有另外一個小兵立大功的案例。寶妮塔要求與她簽約的健身教練每個月都要提交各個授課班級的報告，記錄孩子們的訓練目標、特別成果、表現情況、孩子們喜歡跟不喜歡的是什麼，以及應該改進之處。請閱讀其中一份摘要報告，看看你是否能從中找到機會。

訓練計畫與目標概覽

某某某是個討人喜歡的十三歲女孩。她的練習意願很高，甚至要求在平日也要運動。她非常認真地想要改進自己的體態，而且很努力。與她討論過後，我們決定的目標是：

一、體態——特別修正肩膀內縮形成的圓肩以及明顯的駝背，一種下背部彎曲的情況。
二、耐力——能持續地做運動／上健身房／游泳或任何有氧運動而不會氣喘吁吁或過度疲勞。
三、協調性——優雅安全地連結動作。
四、柔軟度——特別需要，因為後腿肌腱與髖關節太緊（脊椎的補償作用反過來引發了她的一些背部問題）。

訓練計畫

一、暖身：十到二十分鐘。

緩慢地讓所有的肌肉與肌腱熱起來，伸展、調整、身體成一直線。用比較大的動作放鬆臀部、膝蓋與肩膀關節，包括身體的姿勢、擺放與平衡運動。

二、上半身心肺訓練與彈力帶訓練：十分鐘。

雕塑手臂、增加力量、燃燒卡路里，以及促進新陳代謝。

三、地板動作：二十分鐘

腹肌力量與核心部位鍛鍊：仰臥起坐、腿部伸展、脊椎扭轉、「平板式」、「人面獅身式」及瑜珈伸展。

四、舞蹈／心肺鍛鍊課程／耐力訓練：十五分鐘

這是我們最好玩的一段律動課程——跳躍、跳房子、華爾滋、舞蹈、綜合活動，以及協調練習。

五、緩和：五分鐘

站立，平衡檢查與支撐。低弓箭步，非常緩慢地做，以讓心跳能恢復正常。

評語

某某某在我們的課堂上非常努力也非常配合。為了達到矯正姿勢的目標，她確實需要加強腹肌的力量，伸展她的腿筋，平日還要有足夠的活動／運動量以進一步發展協調性。這將能幫助她維持良好的健康與體重。

這是一份完整且資訊充足的好報告。內容沒有問題，但對健身中心來說，卻可謂良機盡失。幾年以前，家長們根本不知道有這份報告，也從沒拿到過！儘管這些報告對寶妮塔而言很重要，她卻沒能在第一時間明白，提供報告的複本給家長是多麼有價值的事。

這件小事並不難做，用電子郵件或隨著每月帳單附上就可以了。這樣可以讓父母清楚，他們付錢享受到的服務深度不是只有教練花在小孩子身上的時間，而健身中心所做的也不限於安排課程與送一個合適的教練給小孩而已，使家長們進而認可健身中心在課前與課後投入的大量心血。更重要的是，從「吃乾抹淨」的精神來看，這些都是現成的報告，只要寄給家長就能產生額外的效益。

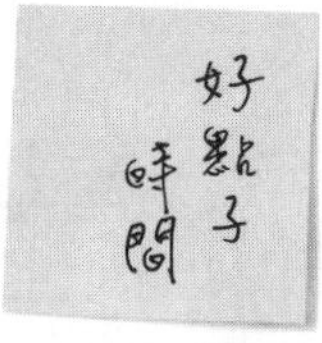

不要保密到家。你有什麼東西是可以跟既有客戶與潛在客群分享的？我的意思不是你現在手頭上新的好點子全都要用吃乾抹淨的方法利用到極致，我指的是那些正躺在那兒積灰塵、沒被注意到的現成事物。像是一份指出你的噗客超越業界標準的工程師報告？或一封客戶的讚美信，截至目前為止只有你跟你的祕書看過？寄出副本，廣為傳頌。這也是小事一樁，不用創造，複製就好，簡簡單單就能讓你的噗客在眾人面前曝光。

我很喜歡的另外一件小事情發生在英國航空的廣告看板上。他們要在頭等艙引進更好的睡床，所以廣告中就是一張簡單的圖片，顯示床的寬敞，看起來很大、很吸引人，而且，哇！真的很舒服。廣告的標題只有一個字，嗯……甚至不能構成一個字。他們把「insomnia」（失眠）的「in」拿掉了，剩下來的字母就是標題：「Somnia」。

這真的是一個能讓讀者投入的好點子，出人意表，而且大家很快就能做出聯想，如果insomnia是睡不好的意思的話，那很自然地，新創字

somnia顯然就是睡得著的意思了。拿掉兩個字母，真的是一個很小、很小的事情，卻是把廣告看板變成好點子的妙方。

我在前一個廣告公司時，要爭取一家製鞋業的案子。我建議我們這三個要去參加新業務會議的人，都要穿上這家公司生產的鞋子。所以我們便跑去鞋店買了三雙鞋，穿到會議上。我們沒有提到鞋子的事，對方也沒吭聲。拿到案子以後，我問客戶是否注意到這件事，他們微笑說：「有！」這是我們拿到案子的原因嗎？不是。但這仍然是個讓人樂於注意到的小地方。

還有一個例子。我在巴黎的梵維斯（Porte de Vanves）跳蚤市場買下一套兩件式玻璃組，其中一件是扁平的透明玻璃盤，大小與沙拉盤相同，外緣裝飾著玻璃凸塊。第二件是一個透明的玻璃容器，裝飾著交叉的平行線，形狀與大小很像一個冰淇淋甜筒。玻璃筒就擱在盤子上，我拿起來問這做什麼用，根據我聽到的解釋，這是葡萄莊園的商店用來給客人試喝的。它之所以是個行銷好點子，是因為當主人倒了一些酒給你而你喝完後，並沒有什麼簡單明瞭的方式可以把杯子放下，因為杯子的底部太窄小無法站立，而把它倒過來放在盤子上又不知怎麼地給人沒禮貌的感覺，像是一種「把拇指向下比」的負面訊號，說這個酒不好似的。

那要拿這個空杯子怎麼辦呢？如果它發揮預期的效果，你會呆站在那兒，然後他們會再倒一些酒進去，直到你不再抗拒購買為止。

個案討論：豪斯特服裝

豪斯特服裝（Host Apparel）是一家擁有自有品牌的家居服、浴袍、睡衣褲大型生產商，我們替該公司製作一系列的廣告、公關宣傳品、文章、郵遞廣告以及其他行銷材料。這裡的重點在於我們為了拉斯維加斯的商展Magic Show——每年舉辦兩次的大型時尚與服裝盛事——替對方準備東西時所做的小事。

我們寄出一封郵件，宣布所有最新的產品都會陳列在展覽攤位上：新的布料與成品、新的單色先染斜紋布、新的贈禮包裝，以及其他一些值得一看的品項。然後我發現，大多數的參展人以及豪斯特的潛在客戶都是飛過去看展的，這讓我想到也許有些東西可以在看展前的飛行途中使用。

我的好點子是去製作一個豪斯特尋字遊戲（Word Find），遊戲裡有一個方格，裡面的字母看似隨機排列，底下則有一組字，這組字在方格內全都找得到，往前寫、往後寫、或者以某個角度排列。遊戲的目標就是要在方格裡找到清單上所有的字並圈起來。這些字都跟豪斯特服裝、品牌以及新的產品特色有關，像是比爾．布拉斯（Bill Blass）㉔、砂洗（sand wash）、精梳棉（combed cotton）、斜紋布（twill）與外交官（Diplomat）㉕。帶著正確解答來到豪斯特的攤位上，就能得到特別獎品。

這是一個好點子，成本就是一張紙，甚至不必多花郵資，因為我們是跟新產品資訊放在同一個信封寄出去的（吃乾抹淨）。而製作尋字遊戲也不難，我在網站上找到一個免費的製作軟體。我們給了顧客不一樣而且好玩的東西，真的可以在飛機上玩（參與）。紙張上有豪斯特的攤位號碼，也提供解謎成功並帶到攤位上的誘因（相關性）。雖然它基本上只是一個小東西，但確實是個好點子。而你現在已經明白，小兵可以立大功，小小的好點子也能創造大驚奇。

㉔ 譯注：美國的高級訂製服品牌，二〇〇八年因經營虧損，其全球的經營及商標權出售給專門製作男性襯衫與領飾的公司Peacock。

㉕ 譯注：豪斯特的一個品牌名稱。

第17章 算準天時地利

大家都知道喜劇演員在適當時機製造笑點的祕訣那個笑話。給少數沒聽過的人，笑話是這樣的：第一個人說：「問我說笑話的祕訣是什麼？」第二個人回：「請問說笑話的祕……？」第一個人馬上打斷他：「時機！」

時機不對是一個好點子突然間豬羊變色、變得不那麼好的原因之一。這裡有個例子：前陣子我有一個點子，若我們曾爭取航空公司的客戶的話，我認為它會是一個好點子。

那是一個針對商務旅客、而非休閒市場的度假遊客所設計的廣告活動。反正點子永遠都不會落實，所以我佔了一個預算無上限的便宜，而廣告秒數也可以配合我的想像，要多長就有多長。廣告裡有一個商務旅客身處舒適的商務艙內。機艙空了大半，男主角舒舒服服地坐在靠走道的位置。迷人又殷勤的空姐奉上食物與飲料，她的工作好像就是專門服務這位乘客。他吃吃喝喝，將椅背後靠斜躺，一邊看起電影。簡言之，這趟飛行經驗美妙透了。接著是他降落後的情況，鏡頭快速閃過他領取行李的麻煩景況，然後他搭計程車，從機場到旅館一路擁塞，旅館還遺失房間預約紀錄，還有許多旅館員工伸手要小費。

當他終於進入房間後，房間裡的設備令人不敢恭維：空間狹小、沒有景觀、沒有工作用的桌燈，浴室裡只吝嗇地擺上一條毛巾。最後旁白出現，配上合適的音樂：「飛行時宛若置身天堂，降落後有如墮入塵世」（Heavenly during the flight, discordant once he lands）。男主角很不滿地頹然坐在房間唯一一張已經磨損的椅子上，椅子大小只夠勉強容身。接著鏡頭切回他在飛機上的場景，有美食、好酒，還有迷人的空姐，至此，旁白員下了一個顯而易見的結論：「我們可能是您的旅途中最美好的一段行程」（We may just be the best part of your trip.）。

這是個通用的點子，意思是說任何航空公司都可以用。不過，它也可以拿來先發制人，也就是第一個用的人就能夠得到佔有權。

問題出在時不我與。如今，搭飛機旅行的麻煩不少，大排長龍、安全檢查、允許帶上飛機的物品清單一改再改。等你終於坐上飛機，吃的東西不是很少就是不供應，沒有枕頭，沒有毯子，座位擁擠，起飛時間延誤很久，還有其他一些拉拉雜雜的折磨。從現在以及可見的未來觀之，任何航空公司都很難證明自己是旅途中最美好的一段行程。

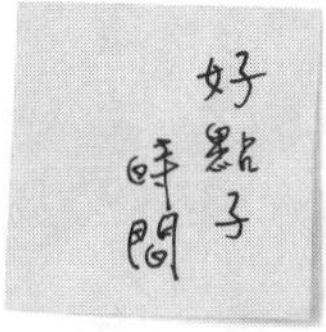

若你想出一個好點子，切莫磋跎猶豫。撇開環境可能驟變，使你的點子毫無用處這個事實之外，點子往往會以一種集體潛意識的方式形成。大家面對的都是一樣的事實、一樣的娛樂手段、一樣的新聞節目。既然刺激相同，同樣的基本想法——好點子的前提——也會在不只一個人的腦袋中出現。你要捷足先登。

除了時機，還有什麼會讓貂蟬變母豬，把好點子變成壞點子呢？

舉另外一個例子來說，有一次，舞台熟食店有意製作可以發放給顧客的宣傳品。我想到一個既有策略性、又能出其不意的好點子。不過，說來也沒那麼好，你等下就知道了。要記得，舞台熟食店的策略是說服顧客，就算他們的價格在紐約是超級貴，但食物的分量與品質也是一等一。

我的點子是一支長度八英寸的塑膠尺，但在五英寸的地方印的不是「五」這個數字，而是「煙燻牛肉三明治」；六英寸的地方秀的也不是「六」，而是「起司蛋糕」；在八英寸的地方則寫著「三層三明治」。這是用圖像的方式顯示出三明治與蛋糕的厚度有多麼高，還有你掏錢能買到多麼有價值的東西。

沒錯，好點子一個。但先從客戶那裡拿到預算，也估計製作塑膠尺的成本有多少會更好。我們發現，就發送給顧客的小東西來說，這個點子就算能產生一些公關效益，塑膠尺的製作費用還是太貴了。所以，另一個讓貂蟬變母豬的時機，就在你發現預算不足的時候。

在淡季推出特別促銷或降價銷售活動去刺激噗客的銷量，經常也是一個好點子。我說的不盡然是假日特賣會、總統生日促銷活動、或天可憐見的跳樓倒店大拍賣，而是一年一次或偶一為之的銷售活動，讓活動本身與許下的省錢承諾看起來合情合理。附帶一提，若以為一年辦一次的效果很讚，那一個月來一次想必會更加成功，那很快就會毀了這個好點子。

有一家小型男性服飾連鎖店，整年沒有一個時段不在辦特賣會：「買一送一」結束沒多久，就接著「所有西裝全部只要一七九美金」，再換上「特賣活動，只有四天」，再來是「每件五折」登場。如果你成天都在降價促銷，會讓消費者認為你的正常定價貴得離譜，只有在促銷期間才會照著商品真正的價值賣東西。

與此相關的還有一個。你提出一個很吸引人的前提與承諾，可是等東西到手後，才發現跟原來廣告標題所承諾的比起來寒酸太多，這麼做實在不是一個好點子。例如在標題中提出誘人的問題：「每周多出高達六小時的時間要怎麼打發？」是個夠好的點子。接著你讀了廣告內文，才明白他們提供的服務是幫你重新規畫整理辦公室，降低髒亂，讓你做事能更省時省力。六個小時？每個禮拜？我可不這麼認為。

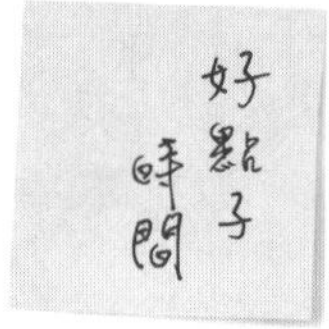

任何時候都要避免使用「黃鼠狼語言」（weasel words），才是一個好主意，因為廣告內文會讓標題許下的承諾漏餡。

在上面這個例子中，「高達」（up to）就是一種「黃鼠狼語言」。「高達六小時」實際上可以少到只有十分鐘，這可不是你應該用來推銷噗客的那種聰明點子。如果你的廣告文案到了應該請教律師是否合法的地步，不管答案是什麼，它大概都不會是個好點子。生意若想長長久久，務必登高望遠。

個案討論：你的噗客

這個個案不是來自我的任何一個特定歷史個案，而是來自你的。我相信你已經在使用這本書而且也想出點子了，或者已經在改進以前想到的點子。毫無疑問，你一定有好幾次發展出跟你的創意策略毫不相干的點子，但你對這個構想如此傾心，深深地愛上它。你清楚自己陷入兩難，在點子之美與這個點子沒有適當的立論基礎這個事實間擺盪。

這樣可不是好主意。噢！我知道我告訴過你，如果你認為這個點子值得，那就相信直覺，放手去做。但這個決定要考慮到一件事情：你這樣已經幾次了？

相反地，儘管讓廣告耳目一新確實是個好點子，但太快移情別戀卻不是。你可能有辦法很快想出點子，這很好，不好的是沒有給現在這個點子發揮作用的機會，每三秒鐘就換一個新點子。你可能有溺愛老么（最新的點子）的傾向，等不及要看它付諸實行。或者你可能受企業倦怠症所苦，我就看過這種會毀了許多好點子的症狀發作。

企業倦怠症的意思是，譬如說在一家廣告公司，你把腳本簡報給客戶看。然後，你對著高層的決策者報告。你做了所有對方要求的改動，回去找同樣一群人，這次他們只要求一點點調整。所以你做了調整，然後再回去找客戶。接著，你又把它帶到高層面前，基本上這位仁兄已經看過三次了，但他會說些像這樣的話：「我以前就看過這個點子，你沒有其他新東西了嗎？」要記得，消費者根本還沒看過這個廣告。是你的客戶把它啄得滿頭包，然後現在厭倦了它。

如果你太快厭倦自己的點子，老是變心換新歡，你的顧客永遠都沒機會搞清楚你是誰。廣告專欄作家艾略特（Stuart Elliott）在《紐約時報》中說：「有鑒於消費者的注意力持續時間日益縮短，且消費市場環境似乎仍持續變動中，廣告讓人眼睛一亮的速度恐怕也得比過去快一點。」

注意，他說的是「讓人眼睛一亮的速度快一點」，可不是替換得頻繁一點。

失敗的相親式合作

在波特廣告公司早期，我曾經想出一個開發業務的好點子。公司早期的宣傳手冊裡寫著潛在客戶可能不想跟我們建立長期關係的原因，所以我們很樂意做一個案子來證明自己有多好。在我的文案中，我把它比喻成相親，可能成功而結成連理，也可能一次就見光死，但對雙方不會造成太大傷害。這個討喜的比喻引導出一個我決定付諸實施的有趣想法。

與其寄出一大把招徠業務的請求信，我們挑選了最有希望的潛在客戶，然後送給首選者一束花，並附上短箋寫著我們只是想要來一場相親。沒有公司名稱、沒有簽名、沒有回信地址，也沒有其他的字了。希望當我們打電話去的時候，接待員／守門人能記得這束花，把電話接給他的老闆。若運氣好的話，老闆可能就是桌上擺著那束花的人。

結果奏效了！我打電話過去，說明我們就是送花的人，想跟對方見上一面。然後中獎了！一封信，換來一次新業務會議。但是，沒有新業務。

你不會期望每一次的新業務會議都能產生具體成果。就算一開始靠著好的行銷點子拿到入場券，但雙方要了解彼此，通常得花上比一次會議更多的工夫。可是，我們跟那位潛在客戶沒有第二次了。我們對名單上的第二名再試一次相親開場白，結果一樣：一次會議便無下文。

回顧過往，我想我知道原因何在。這個好點子比起我們說有關自己的事好太多了，反而使我們陷入不利的處境。我們建立了外界對波特公司的期望——古靈精怪、有創意、果決——可是我們無法滿足這樣的期望。我們還沒學會如何適當地表達或定位自己。此外，我們為既有客戶所做的東西範圍還不夠廣，不足以證明我們的好。相親是個好點子，只是太早出現在我們的業務生涯中。

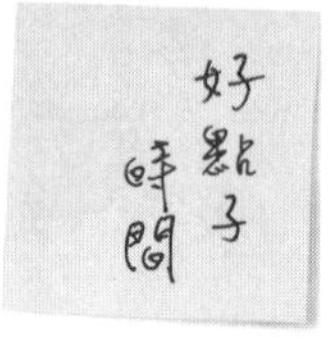

電腦需要備援，你的點子同樣也要有備援機制。這不是說你要有一個更新／更好的點子準備好隨時上場，雖然這也是不錯的計畫。我的意思是，如果這是一個新產品上市的行銷點子，那麼當超乎你最大期望的需求蹦出來時，要確保自己有足夠的存貨滿足需求。否則，你的下一個好點子就是要去想怎麼寫一封電子郵件，告訴顧客他們得等到天荒地老才能拿到你的新噗客。

此外，公司裡每一個人都應該知道與了解這個新噗客以及你的行銷計畫。如果你的行銷是做一個新廣告，就要播給你的員工看。給每個人發一件印著標誌與口號的T恤。沒錯，人手一件，因為每個人都應該要能討論公司裡的最新產品才是。在你的內心深處，當媒體打電話來索取資訊的時候，你會希望最後一個接電話的人就是接起電話的那個人。

購物紙袋也碰壁

我們在自己的廣告公司開張時曾經做過一件事，就是把過去在大型廣告公司做過的所有產品與種類列出一張清單。我們在討論，這個在大型廣告公司做大品牌的工作經驗，如何讓我們要爭取的小型客戶印象深刻。

然後我有了一個好點子。就像花束可以落實相親的概念，我們也有方法可以讓大品牌經驗的概念付諸實現。我們也許可以將每一個分別行銷過的知名品牌的實際產品展示出來，讓潛在客戶留下深刻印象。所以，我拿了一個大購物紙袋，把夏普的錶、玩具小冰箱、一人份的Trix穀片、一小罐象牙牌洗手液（Ivory Liquid）、一個金巴利酒瓶（Campari）的模型、一罐阿納辛止痛藥、一條桂格的燕麥早餐棒、一條M&M的三劍客巧克力棒、一個漢姆斯啤酒的吧檯水龍頭、一個Fruit Stripe口香糖的斑馬標誌填充玩具、一條比奇納特（Beechnut）口香糖、一個玩具電話，還有一條士力架（Snickers）巧克力棒。

等到我們下一次參加新業務會議時，便帶著裝滿道具的購物紙袋，自我介紹完了以後，就開始將袋子裡的東西掏出來展示，我深信這麼做能讓客戶對我們在大品牌的廣泛經驗感到目眩神迷，同時也能以稀奇、有趣、又創意十足的方式打破僵局。

就是沒用！也許是因為這樣做太裝可愛了，也可能潛在客戶真的不認為一個價值三千萬的品牌跟他們的小生意有啥關聯。也或者我們放棄得太快了，因為帶著那個紙袋在城裡趴趴走真的很重。但只要君王不喜歡，貂蟬就會變母豬。

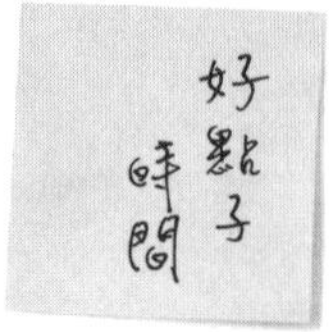

不要像我們這樣太快放棄一個點子。我們當時年輕氣盛，缺乏耐心。另外，我也知道自己還能想出其他好點子。可是我當初應該再給相親及購物紙袋的點子一個機會，多想想，搞清楚真正的問題出在哪兒。如果你真的相信自己的好點子，就花點時間思考如何讓點子成功。

第18章 再不重要也得昭告天下

千萬不要假設你要說的事不重要或人們不感興趣。去吧！把那篇新聞稿寄出去、傳真出去、用電子郵件發出去；把那則廣告文案或直郵廣告信寫出來；把那篇文章貼到部落格上；把那個看板掛起來。就像某個笑話說的：「我為什麼要告訴你？我要告訴大家！」

只要你相信它有新聞價值，其他人也會開始被你的熱情感染。你的新聞有多重要，往往要看你有多認真地對待它。如果它值得你花時間與心血好好做，那麼比起只是在嘴邊嘟嘟噥噥，前者更有可能讓接收者留下深刻印象。你想要全世界對你的新聞驚嘆不已，那麼，就把故事說得精彩絕倫些。用一個新穎的好點子為你要推銷的特別事件妝點門面，讓它有更多機會被大家嚴肅看待。

如果你沒有石破天驚的大消息怎麼辦呢？替你手上的新聞換上新裝吧！給它一點轉折，把它從裡到外翻出來，加上一些正面的觀點，然後想出一個怎麼告訴全世界的好點子，說：

- 你的企業成立周年紀念日到了。
- 你的公司搬家了。
- 你加入一個組織了。
- 你當上某機構的高級官員了。
- 你的公司得獎了。
- 你收到顧客寄給你的一封感謝函了。
- 你製造出一個新噗客了。
- 你有一個改良版的噗客了。
- 有個名人跟你買一個噗客了。
- 你在拍賣會上捐出一個噗客了。
- 你做了人事調動了。

◆這周是全國「噗客」周（創一個出來！）。

有些事情你深信做了也不會有人注意，但這事兒誰也說不準，所以你決定放手一搏，因而得到令人驚訝的成果。以下試舉幾例，其中的客戶都是先前提到過的。（噢！有句老生常談，說什麼「好東西會不言自明」，是唄？真正的事實是沒有什麼東西會不言自明，而需要仰仗你把訊息傳遞出去的原因就在這裡。）

五十周年慶

我們在替迅捷停車場撰寫宣傳冊的時候，知道他們很快就要慶祝公司成立五十周年。第一個問題是：在一般人的眼中，一家小型連鎖停車場家族企業的五十周年紀念日有多重要？尤其在忙碌的曼哈頓。

我們可以便宜行事，說沒人有興趣，然後就把它忽略掉。但我們決定把這則消息公諸於世，正如我給你的建議，只要我們讓它看起來很重要，那麼它就會被當成一回事。一旦決定之後，我的創意挑戰就是嘗試發展出一則適合停車場公司的訊息，告訴世人公司成立五十周年紀念日到了。理想上，這會跟珠寶商、保險公司或你自己公司的五十周年紀念日有著截然不同的故事才對。（記得：這是誰的口氣？）

一家停車場公司要如何宣告它的周年紀念日？你有任何想法嗎？我發展了一系列小型黑白廣告，大小與格式接近迅捷停車場平常刊登的廣告。以下是這些廣告使用的標題：

◆讓紐約人離開街頭五十年。

◆你車開得不好是沒錯，但過了五十年以後，我們知道怎樣讓你把車停好。

◆任何停車場都可以二十四小時營業，而我們已經營業五十年了。

◆雖然我們沒辦法教你開車，但過了五十年以後，我們肯定可以教你停車。

因為我們刊登廣告，把廣告複印本寄給客戶，也發出新聞稿，這則新聞果真在數個相關的房地產刊物中登出。

七十周年慶

阿斯納斯（Max Asnas）在一九三七年開設最早的舞台熟食店，如今它即將慶祝餐廳成立七十周年。你可能會想，餐廳擁有傳說中的用餐體驗，七十周年這個事件要搏得媒體版面想必不是難事。可是紐約有超過兩萬家餐廳，無一不大聲喧嘩引人注意。再者，熟食店不像時下的燒烤餐廳或混合餐廳那麼時髦雅致，所以周年慶的新聞並不會自動登上新聞版面。你需要的是一個好……喔！你已經知道我要說什麼了嗎？

就跟停車場的案子一樣，現在的問題是一家熟食店要如何宣告自己的周年紀念日？說得更具體一點，舞台熟食店要怎麼說這檔子事？什麼內容能吸引大眾的目光與媒體的注意？

我們必須找到一個專屬於舞台熟食店的點子。舞台熟食店的名聲建立在超大分量的食物、以名人命名的三明治、愛抱怨的侍者之上，所以我們並無理由改變這個基本溝通策略。我們曾經談過是不是用「慶祝七十周年」（Celebrating 70 Years）就好，這個標題當然很清楚，但我並不滿意。你現在肯定看得出來，這個做法最大的顧慮是，任何行業的任何人都可以使用相同的字句組合。所以我在「慶祝七十周年」上面加了幾個字，讓它成為專屬於舞台熟食店的訊息。我們製作一個巨型看板——靠的還是好點子，而非龐大的預算——正中央有一個龐大的三明治與起司蛋糕的照片。新的標題就座落在照片上方：「慶祝太超過七十周年」（Celebrating 70 Years Of Excess）。

當然，關鍵就在「太超過」這個字，超大分量是舞台熟食店的名聲所在，我們只是換個不一樣的挑逗說法。延續這個故事，我們還製作兩個招牌，其中之一印著摩斯（Norman Moss）的照片，他真的是一名舞台熟食店的侍者，有著典型的臭臉一張。圍繞著他臉龐的文字是：「我們全都非常高興慶祝七十周年……有一名侍者高興到幾乎要微笑起來了。」

另外一個招牌上既沒有侍者，也沒有起司蛋糕，只有一張超大三層三明治的照片以及這個標題：「過了七十年之後，你應該好好看看這個。」

慶祝活動排了一整年，包括一個限定期間的特別降價促銷活動，鹹牛肉、煙燻牛肉及其他全尺寸三明治只要五．九五美金，蛋奶飲料只要五分美金。周年慶與特別促銷活動在電台、網站與其他媒體上宣傳，還有餐廳老闆的訪問。這一切之所以成功，都是因為我們深信七十周年是一件大事，也把它當成大事來辦。

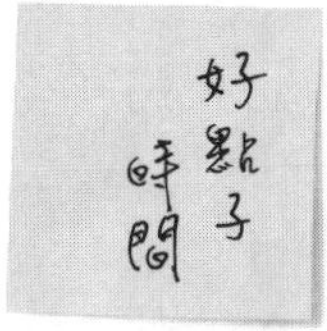

我寄了一封信到市長辦公室，希望市長辦公室能為這個具有歷史性指標意義的餐廳周年紀念日發表一份聲明。撇開這個目的不談，對方答應與否並不重要（儘管他們答應了）。重點在於只要你認真看待你的新聞消息，那它們往往就會被人認真看待。去申請一份證書、贏得一個獎項、訂製一面獎牌，然後把你的成就廣泛散播出去。

說到信件，我們曾經寄出三封信件，結果值回票價，多虧我們沒有因為顧慮別人是否在乎，而不採取行動。

時代廣場之戰

《柯瑞恩紐約商業雜誌》（*Crain's New York Business*）刊登了一篇文章，說蘋果蜂（Applebee's）餐廳即將進駐時代廣場，根據文章的說法，它將成為時代廣場上最實惠的餐廳。我衷心認為我們的客戶達拉斯燒烤餐廳才是、也會一直是最實惠的餐廳。儘管我懷疑柯瑞恩雜誌真的會登出來，但我還是寫了一封信列出達拉斯是最實惠餐廳的理由，請客戶簽名，然後寄給編輯部門。結果呢？雜誌社刊出這封信，陳述達拉斯餐廳的觀點，並用粗體字下了一個標題：「達拉斯，時代廣場上最實惠的餐廳。」

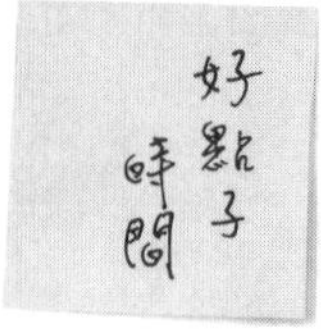

閱讀雜誌上跟你的噗客有關的致編輯函。有什麼人說了你同意或不同意的事情（這兩種反應最有可能）？來來來，別害羞。寫一封信給雜誌社以示贊同或陳述不同意的理由。如果他們登出你的回應，寄一分影本給聯絡名單上的人（你現在應該有個資料庫了吧？），也寄給原來那封信的作者，開啟一段說不定未來能有所回報的對話。

以名人爲產品背書

在電視影集「人生如戲」（*Curb Your Enthusiasm*）[26]中，曾有個虛構的熟食店以電視明星賴瑞大衛（Larry David）的名字為其三明治命名。他公開聲稱，他對這個與他同名的三明治用料非常不滿意。我看了這段情節後，找到對方的聯絡人，提議以貨真價實的舞台熟食店當中，一個貨真價實的三明治為其命名，來表達對賴瑞大衛的敬意。最後我們獲得同意，還可以引述他所講的一段很棒的話，完全合乎他在劇中的角色以及本人現實生活中的個性：「我推薦賴瑞大衛三明治給那些不在乎自身健康的人。」他的三明治登上了菜單，他的信與照片掛在牆上，而這個故事的新聞也躍

[26] 譯注：這齣戲是堪稱電視影集傳奇的情境喜劇「歡樂單身派對」（Seinfeld）的製作人暨編劇賴瑞大衛與HBO合作的自創喜劇影集，這齣劇是根據賴瑞大衛當初在洛杉磯演藝圈的親身經歷改編而成，並由大衛自編自演。

上了媒體版面。

不花錢贏得媒體版面

我的事業夥伴保羅有個點子。他認為我們應該建議舞台熟食店把它的漢堡更名為「彭博市長堡」，用來祝賀彭博先生在二〇〇五年一如預期，贏得第二次市長選舉。

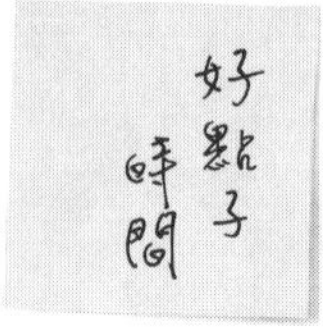

即便你的名片上不是掛著「創意總監」的頭銜，也不要因此害羞而不敢有任何點子。任何人都能想出好點子。創意人毫無疑問會有比較多的點子，但他們也會製造比較多垃圾。說不定正因為你不是創意總監，所以你的點子會更有意思。你會用一個非常不一樣的角度去看問題，因而更有可能得出一個非常與眾不同的創意。

我一開始並不認為市長會特別在意這個致敬的舉動。不過，我已經學到教訓，偶爾也會想起，我不一定總是對的。

我寫了一封信到市長辦公室，因為，就像這一章開宗明義給讀者的建議，除非去嘗試，否則你永遠不會知道什麼東西能引起人們的注意。

信上解釋說我們想要祝賀彭博市長一如預期地榮勝第二次市長選舉，並且附上被我們以同樣方式致敬的名人案例。然後我加上一點點不禮貌的東西當作附註，希望讓這封信從市長辦公室每天收到的許多請求信中脫穎而出。附註是這樣寫的：如果令人不可置信的事情發生了，您沒有贏得選舉，我們還是會想要向您致敬。當然，會改成比較小一點的漢堡，也許沒有配料，只塗上番茄醬，也或許只有一小片洋蔥。我們會再看著辦。

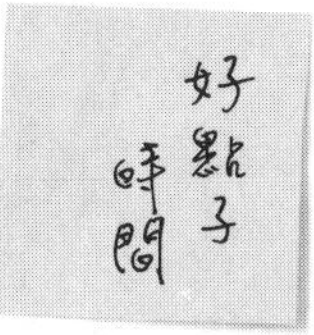

在寫給市長辦公室的信封外頭，我寫著：「舞台熟食店想要以彭博市長為他們的漢堡命名。」這能讓這封信在被打開之前就先吸引人們的目光。想想看你寄出去的信封上面可以加上什麼與眾不同的東西。只要你的三言兩語能讓收信者決定打開信來看，這封信就達到目的了。

是什麼結局讓這個致敬舉動變得很重要且具有新聞價值呢？相較於當年度其他選舉日，市長選舉當天相當平靜無波，彭博市長在舞台熟食店待了一個小時。前半小時供媒體採訪，有電視、報紙與廣播電台。後半小時則與舞台熟食店的老闆共進午餐，閒聊並且大啖以他為名的漢堡。

這件事振奮人心之處在於，一旦你決心放手去做，將消息散布出去，花費不見得會特別貴。電子郵件是免費的，而寄給《柯瑞恩紐約商業雜誌》、賴瑞大衛及市長辦公室的費用只有郵資而已，但好點子發揮出來的功效卻是無價的。

第19章 四個字包你賺大錢

真抱歉。我也不知道這神奇的四個字是什麼或到底存不存在。我承認，我誆你來看這一章是要講別的事情。

你是否注意到，坊間這麼多《如何》、《自助》、《理財》指南，大多數好像都能承諾讀者一個獨一無二的解決方法，去處理形形色色的問題與機會。更重要的是，他們保證只要六個字、兩句話或至多不超過三個步驟就能做到。結果，他們卻寫了一本三百五十頁的書來跟你解釋這一切。

如果他們的解決方法這麼簡單明瞭，何必花上一本書的篇幅陳述論點呢？好，我們來看看吧！一則小小的評論、一篇作者序、也許還有一個前言。欸！我們看到哪兒了？十頁了？你在讀那些書的時候，恐怕就會跳過這些部分，尋找那一小塊能夠解答封面標題所承諾的資訊。

你們之中有些人可能也會對這本書如法泡製。跳過精闢深入的個案討論，精心發展的原理通則，忽略許許多多散落四處、對你有益的珍貴好點子，就只想找到一張清單，給你一個簡單的指示。

雖然我話說得不中聽，但這麼做是沒用的。我從來沒有承諾你五個發展好點子、打造品牌的簡單方法。

不過，我絕對明白你想要一個直截了當解決方法的欲望。所以我會這樣做：這一章會（非常扼要地）濃縮我告訴過你有關構思與利用行銷好點子賣出更多噗客的內容，它是本書的核心要旨，以數個「做什麼」來引導你，也會把「為什麼應該做」的理由精簡到最少的程度。你會得到我的建議，以及一個警告：讀整本書，不要只讀總結，才真的是個好點子。

◆這本書是「給我一個好點子」，不是「給我一個棒點子」！無止盡地試圖把好東西做到完美無瑕，肯定讓你幾乎毫無進展可言。

◆有時候構思是過程中最重要的部分，但一開始你必須熟悉且習慣構思的過程：發掘點子，寫下來，把概念理得越清楚越好，然後盡可能發揮創意。

◆第一件要做的事情是假於內求。蒐集公司內已經做過的任何行銷材料，用抄寫的方式把內容逐字逐句寫下來，這能迫使你真正地檢視與思考其中的字句如何構成。接著，跟你的員工及顧客談一談如何？

◆假於外求，從競爭者的網站、廣告與行銷材料著手。去找你的供應商請教他們對競爭對手的看法。向立場、風格與想法與你迥異的人，尋求有別於你的洞見與觀點。

◆認識自己能使你明白要跟顧客溝通什麼，但不會告訴你如何溝通。後者就需要點子。

◆你需要一分扼要、基本的總結，說出你的產品或服務是什麼，在你發展行銷概念的時候，用來做為策略方向。真正好的行銷點子來自你的噗客本身，而非只是堆砌其上的花絮。

◆你的策略越是專一且獨樹一幟，就越有可能根據這個策略發展出扣人心弦、說服力十足又獨特的點子。決定誰是你想要說話的對象（聽眾）、你想要告訴他們有關噗客的什麼事情（訊息內容）、你希望他們怎麼做（他們的行動）、你給他們什麼理由去做這些事（你提供的好處）。

◆從各種不同的角度來考慮你的觀眾群，能幫助你鎖定目標。你說話的對象應該重質不重量。

◆好點子不只是口號或一連串巧妙兜在一起的機智言語而已，它們得要具備撐起一場行銷活動，將品牌打造起來的力量才行。

◆放棄某個古怪的東西，要比試著說服自己擺在眼前的無聊點子值得一試來得簡單多了。

◆新穎又出人意料的構想與字句能躍然紙上，一抹出乎意料的色彩、一幅讓人眼睛一亮的插畫也是如此。這些都能幫你將一個有氣無力的遜點子變成一個好點子。

◆如果你也是個懶人，或是太忙以至於分身乏術，沒有太多時間想出一個好點子，那麼就努力地工作一次，把你的點子想出來。因為一旦你有了一個好點子，剩下的事情都會相當簡單。

◆你總是可以拿最初的那個好點子做更多事情。所有那些運用原始構想的額外做法，都能讓當初的辛苦掙扎值回票價。

◆當你已經做了所有的初步思考，也真的非常努力地構思一個好點子之後，先休息一下吧！你的潛意識往往能產生使你驚豔不已的東西。

◆你認為把焦點放在噗客的某一個優點或事實上比較好，還是採取包山包海、多管齊下的方法比較有用？

◆要怎麼做才能把一個點子從A變成A⁺呢？你必須去戳動它、推擠它、翻攪它，從各種不同的角度去審視它，然後用獨特的方式把你的想法描寫出來，看看是否能從中找到令人意外的轉折，讓點子變得活靈活現。

◆好點子不是用來向世界展示你有多麼聰明伶俐。好點子不能毫不相關或打啞謎。你的溝通至少應該直截了當地傳達出你想表達的意思。

◆你能用越少的字眼傳達想法越好。簡練是許多好點子的靈魂。你的目標是挑起讀者的好奇心，不是一下子就帶到結局。長篇大論不是沒有生存的空間，只不過，除非你是非常棒的寫手，否則很難寫出成功的文案。

◆使用圖像或結合文字的圖像很容易引起注意，但你必須結合震撼與相關性。

◆避免小心翼翼、眼熟、死氣沉沉的字眼。如果你覺得似曾相識，那你肯定看過。

◆如果你沒有幽默感，快去培養。幽默就是從不同的角度看事情，是一個出乎意料的並列對比，自然而然地從中出現。你的行銷溝通也應該如此。

◆如果你的噗客現在可以比較快、比較簡單、比較經濟、噪音較少、具備以往所沒有的功能，不要這麼直截了當地告訴顧客，而要示範出來。實地示範獨特的品質或改良之處，勝過千言萬語。

◆如果你的噗客是一個人，那會是誰？當你有了答案以後，會更能知道如何呈現它的特徵、脾氣、態度與個性。

◆當你即將發表你的好點子時，會感到疑慮不安，而想要問問某個沒看過點子的人的看法，但是你要小心。如果你拿一個標題請教很多人的意見，每個人只要改動一個字就好，情況就會跟被鴨子啄得滿頭包一樣。

◆將新聞稿郵寄、傳真或以電子郵件發出去。只要你相信它有新聞價值，其他人也會開始被你的熱情感染。報紙媒體往往需要一些填補版面的東西，而對他們來說是填空的小新聞，對你的生意卻有重大的意義。

◆如果你沒有石破天驚的大消息，替你手上的新聞換件新裝吧！任何里程碑都可以用：你公司的生日，或你的公司搬家了；你當上某機構的高級官員；你或你的公司得獎了。又說不定也可以是全國「噗客」周來了（創一個出來！）。

◆將你的廣告影本護貝起來，使它永保新鮮。寄一份給你現在的客戶與潛在客戶。陳列在你的櫥窗、牆上、桌上。將廣告影本連同一些公關物品寄給當地的媒體管道，或以上通通都做。

◆你應該要知道這些從最傳統到最先進的媒體管道，都能為你的噗客美言幾句：宣傳手冊、新聞稿、貿易展、網站、部落格、直效廣告郵件、播客、虛擬網路身分、標籤功能以及RSS。

◆除非你真的懂得規則，否則打破規則從來不是好主意。不過，如果時機對了，那就相信你的直覺，只是小心不要讓自己變成豬頭。

◆不要事後為了自己的反應遲鈍懊惱不已，想想你為了行銷噗客所發展出來的東西，是否可以因為一個小小的調整、使用一個出人意表的顏色、字體、措辭或標點符號，而能有所助益？再次檢查文稿斷句方式、圖像擺放位置、標點符號與留白。

◆拼字檢查與文法正確是小事一樁，但這兩項你最好謹慎待之。所有的文字都要做拼字檢查，然後再檢查一次，否則錯字會害死你。拼字檢查不見得每次都能檢查出「complimentary」與「complementary」，但你的讀者肯定抓得出來。

◆你若想出一個好點子，切莫磋跎猶豫。環境可能驟變，使你的點子變得毫無價值可言。

◆你的噗客產品名稱中可能藏著一個點子。你可以用簡單的做法讓名字顯得出眾，像是把名字中的某一個字母大寫或放大。做為一個名稱，Stardust 就跟 StarDust 不一樣，而 StardusT 也跟前兩者不同。

◆我敢說你一定有好幾次發展出跟你的創意策略毫不相干的點子，但你要問自己：這樣已經幾次了？

儘管閱讀這份濃縮過的建議清單能有所助益，但一開始便從頭讀起，將使你收穫滿載。

第20章 好點子二三事

律師倘若對答案沒有十足把握，不會上台詰問證人席上的證人。那麼，我在這一章劈頭便問：「你做得怎麼樣？」便顯得有些漫不經心，因為答案可能是：「嘿！我做了你交代的事情，可是沒用。」

雖然我希望你的反應不是如此，但還是請容許我辯解幾句，說不定你的點子是個爛點子。你是否殫精竭慮地構想、開發、潤飾、打磨一個有策略性的好點子？好好好，我相信你，這是一個好點子。但你是不是一次只郵寄一張明信片？一次只發送一份宣傳單？只在一種刊物上刊登一次廣告？若是如此，無異於只打一次業務開發的電話就沒有後續動作。即便是一個貨真價實的好點子，也需要反覆幾次才能得到人們的注意，進而採取行動。誠然，好點子的重點在於初步溝通便盡可能做到強而有力且引人注目，但即便如此，通常也不是一次出擊就能正中紅心。

那麼問題又來了，也許你成功了。你把好點子派上戰場，它們也如你（還有我）所希望的那樣奮勇殺敵。實際來看，你又怎麼知道有多少成功來自好點子的貢獻？

在十九世紀末，華納梅克（Wanamaker's）百貨公司的老闆華納梅克（John Wanamaker）㉗曾說，他花在廣告上的錢有一半都浪費掉了，只是不知道是哪一半。

有時候，你就是不容易評斷你的點子是否成功。這跟批發訂貨不一樣，買六十個小零件，往上加成後再賣出去，你就能相當準確地知道生意做得好不好。

我記得我的廣告公司有一次要爭取某位客戶，對方說，他剛買了一台印表機，他能知道機器與墨水的成本是多少。可是如果他聘用了我們，他並不知道有多少新的業務可以直接歸功於我們的努力。他說得沒錯，縱使我們成功地說服他接受我們過去的豐功偉業，也無法保證這些成功經驗能複製在他的噗客身上，更說不準未來的成功有多少是因為我們在行銷溝通

㉗譯注：一八三八年出生於美國費城，卒於一九二二年，是百貨公司業的創始者，他所創立的百貨公司至今仍是美國著名的百貨公司之一。

上的努力所致。

他知道這一路下來，你都無法利用某個基準點來設定目標、進行研究、測試，然後微調。再者，如果你的噗客上市那天下雨了或熱浪來襲，或在你發表新產品的前一刻，競爭者丟出折扣優惠券，就會打破潛在客戶的採購周期長達數月之久。感之，嘆之，好點子猶如人生，往往要仰賴機會、巧合與運氣。成也，敗也，經常就在轉瞬間、一步遙。然而，幸運似乎總是眷顧準備好的人，且讓我們盡己所能，持續地開發好點子吧！

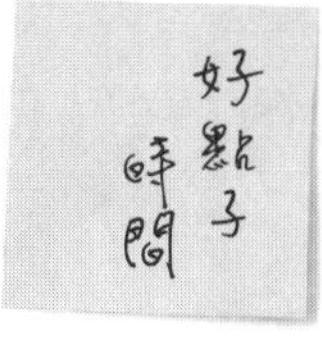

好消息！既然你一路堅持讀到這一章，理當獲得獎勵。想當然爾，如果我像自己所宣稱的那麼嫻熟行銷，應該會在書上貼一個大大的貼紙，大肆宣揚：「免費增章！」（你若真的在封面看到貼紙，就會知道我跟出版社吵輸了。）我比較想要做的，是在你構想好點子的戰役中，為你增添更多戰力。所以這是個大雜燴章節，收錄無法妥當融入其他章節、但我認為會對你有幫助的見解。我可以藉由本章強調某些要點，也提供讀者更多的指引。

內容比技術重要

不要執著於製作技術，如格式、規格以及為了讓構想付印或登上部落格所應遵循的規則。你的重點要放在工作的內容而非形式上。你可以去讀一本如何撰寫新聞稿的書而精通撰寫的技術，知道如何安排一篇新聞稿的內容、為什麼應該在新聞稿的結尾加上三個井字號、把所有資訊放在同一頁的好處等等。但我們現在都清楚，不管好點子是否或有意或無心地違反「規則」，能帶來成效的是內容，而這才是你應該投注心力的地方。

發出樂音的不是鋼琴

你創意發想的結果往往是寫下來的，不是畫出來的，因為我們大多數人擁有較多文字的日常經驗，我們平常就會寫信、寫報告、學期論文、商業計畫、提案，還有策略簡介。這正是《紐約客》（*The New Yorker*）雜誌舉辦短句比賽，徵求讀者為一幅漫畫配上短句，而非為了短句創作一幅漫畫的原因。塗塗鴉也許可以，但除非我們真的很有天分，否則我們並不是藝術家。又除非你鬻文為生，這當然是件好事，否則大家往往也會說，一幅畫勝過千言萬語。因此，有些時候你會需要美術指導的幫助。如我在這一節所下的標題：「發出樂音的不是鋼琴」，曾經與我合作過的美術指導卡普托也有一樣的看法。

卡普托的意思是，就算今天幾乎人人都能接觸到網站設計、排版與圖片編輯的軟體，並不表示做出來的東西會多專業或多吸引人。我曾經用過精巧先進的排版軟體，但就是從來沒有辦法善加利用裡頭所有神奇的功能。比方說，我就無法分辨斜面曲線或剪裁路徑。不過，我會的已經足夠讓我用軟體製作出所謂的「文案草圖」了。

這些草圖只是基本布局，用來秀給客戶看，以便取得他們對製作方向的認同。你可以利用這些草圖向美術指導說明你認為行銷溝通的重要元素為何。理想上，你是在告訴他們要強調什麼重點，而非應該怎麼做出來。仔細觀察美術指導怎麼創作，也許可以從中學到一點皮毛，可是，你會因為非常仔細地觀察牙醫工作，就在自個兒的牙齒上鑽洞嗎？我們真的需要的不是設備，而是美術設計的技能，所以一名好的美術指導勝過千言萬語。

舉例來說，一個正牌的美術指導會摘下眼鏡，瞇眼看著自己設計的頁面。他們這麼做的時候，知道自己在找什麼（版面的密度、留白的比重、字型的辨識度、一種平衡與張力的感覺）。而當你瞇著眼睛看的時候，只會看到一片模糊。這是不一樣的！

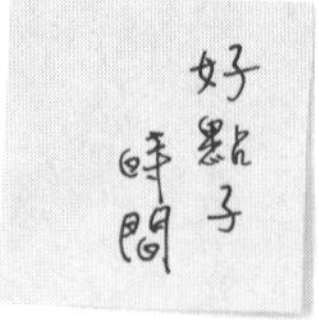

與美術指導合作的時候，要確定你們兩個對點子的精髓能有一致的意見，因為那就是美術設計與表現類型所要強調的重點。切莫因為文案中某個次要的點比較容易視覺化，便任其成為圖像的主導力量。

此外，你雖然不希望被太多選項淹沒，但至少應該有三種不同的構圖可供選擇。只有一種構圖，加上三個顏色或標題大小略做調整的變體，談不上選擇可言，若是三種極為不同的構圖就可以。最後，要給美術指導充分的時間解釋設計想法。他們有時會認為某些事情理所當然、再明顯不過了，所以在簡報時連提都不提，但只要說了出來，你可能會更了解他們的根據與選擇的理由。

腦力激盪

腦力激盪是一種創意發想的有趣做法，你也許會想要嘗試看看。儘管根據維基百科的說法，這種集體創作方式是否是一個提高創意質量的有效技術，並未有定論，但它仍值得你一試。（如果你是一人公司的話，就算用到鏡子或錄音機，也很難做腦力激盪。最有效的腦力激盪需要五到六個人參與）。

腦力激盪最重要的部分與我耳聞即興創作最重要的規則雷同——消除負面因素，遵循「沒錯，而……」的想法。舉例來說，當某個人說紅色掃帚事實上是他太太的鋼琴時，另外一個即興創作藝術家不會說這很可笑。他會用「沒錯，而……」的表達方式往上建構。所以他可能會說：「沒錯，而這說明了作曲家蓋希文（George Gershwin）為什麼會去掃地板。」

腦力激盪的基本原則是絕不對另外一個人的點子持否定看法。把每一個點子都寫下來，越瘋狂越好，讓每個人都能往上加料，不要讓任何人說這行不通、這很蠢、這太貴了、根本沒有時間落實等等。

把客戶服務當成行銷

以聰明的行銷手法讓生意興隆，卻在客戶帶著問題打電話上門時，因為不周到的客戶服務疏遠了他們，實在不是一個好主意，在消費者交流網站存在的今日尤是如此。這類網站可是隨時準備好將所有對待顧客不禮貌的實例報導出來，也會在其他做法都行不通的時候，將高階管理階層的電話與地址公布給顧客。（他們也會稱讚為顧客採取額外步驟的公司。被稱讚而非被批評，才是一個好點子）。

你的客戶服務政策是行銷溝通的一環，強烈反映出你的品牌形象與聲譽。毫無疑問，你處理客戶服務的方式——人員親自服務或線上服務——

會跟你的廣告及口號一樣，對噗客的形象產生強大的影響。你們絕大多數人肯定同意，採取顧客至上的做法向來會有回報。（我們在波特廣告有一個很接近的立場：「簡單！做對客戶最好的事。」這讓決策更簡單、更快速。）

服飾目錄郵購公司Lands' End以兩個字概括他們的客戶服務政策：「保證、時效」（Guaranteed. Period.）。其他人可以用比較多的字眼、但作用大概也比較小的方式做出類似承諾。

就顧客服務的積極面來看，《紐約時報》曾經報導一則有關Netflix的故事。Nexflix是一家以郵寄方式出租DVD的業者，他們在奧勒岡州設立客服中心，聘請兩百名客服代表提供顧客服務。事實上，Netflix完全取消了以電子郵件提供的客戶服務，客服總部現場二十四小時營業，而他們的免付費服務電話現在也陳列在網站的醒目位置。該公司職司資訊科技與客戶服務的副總經理歐爵（Michael Osier）說，他觀察其他兩家以卓越的電話客服著稱的公司，發現顧客喜歡人際互動更勝過電子郵件。

我並不是在建議你取消跟顧客間的電子郵件往來，或停止將客服中心外包且／或移到海外去，如果這是你的做法的話。也許對你而言，最簡單不過的好點子是去思考如果你身為一名顧客，打電話尋求技術支援的時候，你自己會有什麼感覺。若你發現經常會留下壞印象，進而信誓旦旦再也不跟這家公司往來，你大約就知道應該如何整頓自己的客戶服務。

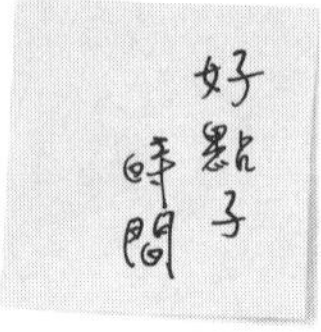

客戶服務不因電話客服中心的外包而開始，也不因此而結束。你的公司是怎麼接聽電話的？是否快速、禮貌又有效率？上面的管理階層是否親自接聽電話？是否能即時回電？電子郵件或其他通信方式亦然，尤其來的是抱怨信的時候。

大處著眼，小處著手

你可能會勉強接受小勝利而忽略大局，用這樣的方式欺騙自我。你決定舉辦一場遊行，因為公司的周年紀念日到了，而且你想藉此得到一些曝光機會。好點子。可是，遊行的構想是什麼？一輛車？兩輛車？一匹馬與一輛馬車？在預算允許的情況下，設備器材的考慮要跟你的點子一樣大器才行。車輛、人群、馬車、消防車或任何你想得到的玩意，越多越好。場面越是壯觀，你就越有機會得到你所追求的公關宣傳效果。

事實上，活動辦得越大，越有可能在一開始的時候獲得政府當局的合作，允許你舉辦遊行。你能想像自己要求紐約警察局去擋住羅斯福快速道路的車流，只因為你想點燃三顆照明彈嗎？他們會嘲笑你。可是，當梅西百貨（Macy's）為了他們七月四日的大型煙火表演提出相同要求時，道路真的會封閉數個小時。

說到梅西百貨，他們每年的感恩節遊行肯定吸引了現場與電視機前的大批觀看人潮。如果你以為你的遊行絕對無法和他們一樣盛大，那你就對了。但如果你想你的遊行也可以辦得一樣盛大，那麼這就是你的雄心壯志。第一年也許不會成功，畢竟辦活動需要假以時日才能抓住社會大眾的眼光，但我敢說它會年年辦得越來越好、越來越盛大。

你在思考自己的百年大計時，也不要忽略小地方。在有著 YouTube、

RSS的高科技世界，何不考慮替你的噗客做幾個徽章呢？人們過去配戴了好多年，正因為如今不常見了，反而可能有機會異軍突起。媒介的規模無關緊要，從地區電影院螢幕上播放的廣告圖片，到時代廣場上會移動的大型霓虹燈飾皆可，重要的是其中的觀念，是那個好點子。

行銷還不是一門完美的科學；可惜，連科學都不是一門完美的科學。你在一開始的時候，往往要給創意某種程度的信任，給它機會發揮作用。拜後見之明所賜，你的確可以衡量成果，但面對眼前龐大的成果，你卻永遠無法正確地推算出原因為何。

別當陌生人

你可以寫信到ideas@allyouneedisagoodidea.com，與我分享你的成功故事、你發展出來的好點子、你如何填滿紙上的空白、你的個案歷史，也給我一些回饋。或是造訪www.allyouneedisagoodidea.typepad.com，你可以在這個網站找到最新資訊，知道如何構思帶來實際成效的行銷好點子。

第21章 讓好點子舉世皆知

我突然想到，你可能會好奇我打算如何行銷這本書，實際上又是怎麼做的。所以，我將與你分享我計畫使用的行銷點子，有些效果比較好，有些根本不會開花結果；甚至有些我還沒想到的點子，在將來會被我發展出來並且用上。這句話的意思是我現在正在寫這本書，而你將來會讀到這本書，那個將來就是你的現在，因為從我把書稿交給出版社，到這本書付梓並送到你手上以前，需要好幾個月的時間。在這段期間，我打算用來敦促你買書的行銷點子，不管成功與否，都已經嘗試過了。若這本書成功了，我在行銷上所做的努力已經得到回報，而你也已經從我在電視及電台接受的訪問、我的部落格、當地報紙上的文章，或全國性及商業性雜誌的書介中得知這本書。果真如此的話，那麼你應該對我有信心，我的確有那麼點創造行銷好點子的本事。

相反地，若你是在郊區車庫大拍賣中偶然發現這本書，躺在一疊一九三九年的雜誌下面，然後你想：「這書看起來挺有意思，奇怪我以前怎麼從來沒聽過。」那表示我的行銷點子並未如我希望的發揮作用。

無論暢銷與否，看看我為了讓書得到世人注意而在思考的這類點子，還是有其好處。也許其中有些構想能觸發你想到推廣自家噗客的點子，尤其是如果你身在服務業，或你也正在寫一本書的話。要記得，點子的量不是重點，我既然靠創意維生，恐怕是會比你更多產一些，而且我還可以號召我在紐約廣告公司的資源。此外，我的出版社也會運用他們的專業與眼光投入這本書的行銷與公關工作；我的點子只是想要加強力道。

最後，我此處所列的點子清單極有可能不會為你所用。這跟我的廣告公司在爭取新客戶的情況若合符節。我們把為現在或以前客戶做過的點子呈現給對方看的時候，對方總是會說沒有一個構想適合。因為行業不同，策略不同，預算不同，他們的產品不同，企業文化也不一樣。

將過去的成果秀給潛在客戶看，是為了讓他們知道我們如何處理問題。我們不見得期待這位潛在客戶會喜歡其他人曾經欣然採納的創意，但確實希望他們能因此明瞭我們的想法。因此，即便你用不上這張清單，讓你知道我如何行銷本書是有好處的，我的構想能為你指出更多其他方向。

傳統的宣傳管道

- 研討會。
- 聯絡連鎖與地區型書店的顧客關係部門，商討簽書會與討論會等相關事宜。
- 低科技、老派的宣傳手法，例如可以四處發送的徽章與貼紙。
- 廣告預告片／小版面廣告，每一則廣告上都有不同的章節標題、書的封面以及網址。
- 訴求全國性商業刊物的提及、評介與撰文；在全國性貿易刊物的文章與訪問；廣播電台訪問；在全國性與有線電視節目上曝光；透過讀書俱樂部或直效廣告郵件推廣這本書；撰寫一系列新聞稿發送給主要媒體。

非傳統的宣傳管道

在出版前，邀請總經理與行銷部門的主管提出他們自己認為的最佳行銷創意。

當你盯著紙上的空白，知道這一切全有賴你填上一個好點子時，很難不會因此感到心驚膽戰。我們將邀請像您這樣的讀者，將發展出來的行銷好點子發表在我的網站上。

我在部落格上發明了一個虛擬產品，也提供創意簡報所需的產品細節。譬如說：「探戈是一種新的早餐穀片，用來加在柳橙汁而非牛奶裡。這是因為新的探戈……」然後，我會徵求造訪部落格的訪客將他們推廣這個產品的點子用電子郵件寄給我，提供獎項給其中比較好的作品創作人。

媒體曝光管道

◆ **一般性商業刊物：***Businessweek*、《霸榮》（*Barron's*）、《小型

企業》（*Small Business*）、《高速企業》（*Fast Company*）、《富比士》（*Forbes*）、《財星》（*Fortune*）、《財星小型企業》（*FSB: Fortune Small Business*）、《公司》（*INC*）、《機會世界》（*Opportunity World*）、《小型企業商機》（*Small Business Opportunities*）、《自行創業》（*Start Your Own Business*）、《女性創業》（*Womensbiz.us*）、《華爾街日報》（*Wall Street Journal*）、《紐約時報》（*The New York Times*），以及《今日美國報》（*USA Today*）。

◆**行銷類刊物**：《廣告年代》（*Advertising Age*）、《廣告人》（*The Advertiser*）、《廣告周刊》（*Adweek*）、《創意雜誌》（*Creativity*）、《壹雜誌》（*One*）、《品牌周刊》（*Brandweek*），以及《業務暨行銷管理》雜誌（*Sales & Marketing Management*）。

◆**網站**：*Businessweek* 之小型企業，http://www.businessweek.com/small-business/；企業家網，http://www.entrepreneurmag.com；Peerspectives 網站，http://peerspectives.org；小型企業資訊的參考指南，http://www.loc.gov/rr/business/guide/guide2/；家庭企業網，http://

fambiz.com；點子咖啡廳，http://www.businessownersideacafe.com；專利網，http://www.patentcafe.com/；萊理指南，http://www.rileyguide.com/steps.html。

◆**行銷協會**：美國行銷協會（AMA）、商業行銷協會（Business Marketing Association）、美國商業總會（U.S. Chamber of Commerce）、美國小型企業協會（U.S. Small Business Association）。

◆**媒體訪問**：多伊奇（Donny Deutsch）在CNBC的節目「大創意」（The Big Idea）；漢堡（Joan Hamburg）的電台節目，WOR AM Radio 710；艾略特在《紐約時報》的廣告專欄；利波特（Barbara Lippert）的《廣告周刊》；加菲爾德（Bob Garfield）的《廣告年代》；以及《紐約郵報》（*New York Post*）、《每日新聞報》（*Daily News*）與《華爾街日報》的廣告／行銷專欄。

◆**報紙**：大多數報紙應該會對本書感興趣。廣告／行銷這一行的魅力遠遠超過它的實際情況。比方說，《紐約時報》會開設一個廣告的每日專欄，但可不會為了會計或牙醫這麼做。

人際關係網絡

我參加了一個人際網絡團體，光是在曼哈頓就有超過六百名會員。我可以在每周的聚會上談論我自己的書，也可以到紐約其他分會擔任來賓。也可以聯絡大專院校的行銷科系，探問他們是否有興趣將此書列為教科書；或是擔任演講嘉賓、辦一場研討會、或教一堂行銷課。

現在你有了這份清單。當我仔細考慮這份清單時，其中有些行銷推廣的點子我甚至不會去嘗試。不過，它們很有可能引導我想出其他好點子呢！世事運行總是如此，不是嗎？

國家圖書館出版品預行編目資料

沒預算照樣有勝算的行銷創意術／傑.海曼（Jay H. Heyman）著；曹嬿恆譯. -- 臺北市：商周出版：家庭傳媒城邦分公司發行, 民100.07
面； 公分 --（新商叢；BW0427）
譯自：All you need is a good idea! : how to create marketing messages that actually get results
ISBN 978-986-120-910-4（平裝）
1.行銷學 2.廣告 3.中小企業管理
496 100011935

新商業周刊叢書 **BW0427**

沒預算照樣有勝算的行銷創意術

原　書　名／All You Need is a Good Idea!: How to Create Marketing Messages that Actually Get Results
作　　　者／傑．海曼（Jay H. Heyman）
譯　　　者／曹嬿恆
企 劃 選 書／陳美靜
責 任 編 輯／黃鈺雯
版　　　權／黃淑敏、翁靜如
行 銷 業 務／周佑潔、何學文

總　編　輯／陳美靜
總　經　理／彭之琬
發　行　人／何飛鵬
法 律 顧 問／台英國際商務法律事務所　羅明通律師
出　　　版／商周出版
台北市中山區民生東路二段141號9樓
電話：（02）2500-7008　　傳真：（02）2500-7759
E-mail：bwp.service@cite.com.tw
發　　　行／英屬蓋曼群島商家庭傳媒股份有限公司　城邦分公司
台北市中山區民生東路二段141號2樓
讀者服務專線：0800-020-299
24小時傳真服務：（02）2517-0999
讀者服務信箱：cs@cite.com.tw
劃撥帳號：19833503
戶名：英屬蓋曼群島商家庭傳媒股份有限公司　城邦分公司
訂 購 服 務／書虫股份有限公司客服專線：（02）2500-7718；2500-7719
服務時間：週一至週五上午09:30-12:00；下午13:30-17:00
24小時傳真專線：（02）2500-1990；2500-1991
劃撥帳號：19863813　　戶名：書虫股份有限公司
香港發行所／城邦（香港）出版集團有限公司
香港 灣仔 駱克道193號東超商業中心1樓
E-mail：hkcite@biznetvigator.com
電話：（852）2508-6231　　傳真：（852）2578-9337
馬新發行所／城邦（馬新）出版集團
Cite（M）Sdn. Bhd.（45837ZU）
11, Jalan 30D／146, Desa Tasik, Sungai Besi, 57000 Kuala Lumpur, Malaysia.
電話：（603）9056-3833　　傳真：（603）9056-2833
E-mail：citekl@cite.com.tw

封面設計／黃聖文
內頁設計排版／黃淑華
印　　　刷／韋懋印刷事業股份有限公司
總　經　銷／聯合發行股份有限公司　電話：（02）2917-8022 傳真：（02）2915-6275

■ 2011年 7月初版

Printed in Taiwan
城邦讀書花園
www.cite.com.tw

ISBN 978-986-120-910-4 定價280元